30 道媽媽味配方

30 道媽媽味配方

法式原味&經典配方
在家輕鬆作,美味的塔

日本最暢銷食譜研究家　親自傳授

相原一吉◎著

目錄

＊本書中的一大匙為15ml，一小匙為5ml。
另外為了標示的正確性，
牛奶或醬料等液體的分量也以g來表示。

塔，法國最受歡迎的點心。

就像對喜愛蛋糕的日本人而言，最受歡迎的草莓鮮奶油蛋糕一樣，塔在法國是一種非常受歡迎且普及的日常點心，在一般超市就可以輕易買到已成型的冷凍塔皮，傳統法國家庭中更有著自製手工塔皮的習慣。正因為塔是一種可以自由搭配喜歡的配料，作出各種不同的變化的點心，就讓我們一起抱著輕鬆的心情，享受製作手工塔的樂趣吧！

我們以「塔」來統稱這類型的法式點心，但仍可依尺寸作區分。大小適合一個人享用，稱為「迷你塔」。

在法文中，塔（tarte）加上句尾變化 lette 就是「小的」意思。

草莓迷你塔
草莓塔可以說是最具代表性的一種水果塔。內餡填滿香甜的卡士達醬，在表面刷上果膠增加亮度，更顯可口。→詳見 P.50

什麼是「塔」呢？

一般而言，塔是指在圓形塔皮上鋪滿奶油或水果等食材的點心。「塔」一詞發源於拉丁文tarte，原本是泛指各種圓形點心的意思。德文的torte、義大利文的tortau雖然也源於同一個詞，但經過長時間演變，現今已變化成不同種類的點心了。

而「法式薄餅（galette）」指的是薄的圓盤形點心。在很久以前，古人會將溫熱的麵團放在燒熱的石頭上燒烤成型，以這種方法製成的點心便是法式薄餅的雛形。本書中也有介紹以法式薄餅製作的塔，例如「國王塔」（P.86）及格雷特柳橙薄餅塔（P.62）。此外，由於塔皮麵團的種類很多，除了本書中介紹的麵團之外，也會使用像布里歐修（brioche）等麵包形麵團，所以我們熟悉的披薩或許也可說是塔的一種。實際上，在法國阿爾薩斯真的有種名為「披薩塔（La tarte flambée）」的傳統料理呢！

適合多人享用的一般大尺寸，則稱為「塔」。

法式杏仁塔

法國最具代表性的點心，就是這個法式杏仁塔。填入滿滿的杏仁奶油內餡，並在塔面抹上一層杏仁果醬，最後再撒上杏仁片就完成了。→詳見P.30

塔的種類會隨著
不一樣的塔皮與內餡組合，
創造出無限的可能。
讓我們一起品嚐
塔皮與內餡巧妙融合的
絕佳美味吧！

卡士達醬的製作法→詳見P.48

鹹塔的製作法→P.74

最經典的杏仁奶油餡→P.28

以巧克力為內餡→P.70

以蛋白霜為內餡→P.58

塔，有各式各樣的內餡，也有令人食指大動的鹹塔喔！

從作出好吃的麵團開始吧！
基本款麵團──
甜塔皮・鹹塔皮・千層塔皮

美味的塔皮是塔的基礎。麵團的種類很多，首先介紹其中最常用來製作塔皮的三種基本款麵團。從製作麵團開始，享受作塔的樂趣吧！

以三種
不同麵團製成的
杏仁奶油塔，
有什麼差異呢？

下圖為在相同尺寸的塔模中，鋪入三種不同的塔皮，再分別填入杏仁奶油餡烘烤而成的法式杏仁塔。在動手製作前，先熟悉每種麵團的性質及成品的口感吧！

1.

甜塔皮 （pâte sucrée） → P.12

法文的pâte為塔皮；sucrée為甜味的意思。
是三種塔皮麵團中最基本且最具代表性的麵團。直接將這種麵團拿去壓模烘烤，可製成法式奶油餅乾「沙布列（sablé）」。
由於甜塔皮麵團很容易烤熟，鋪麵團時必須鋪得更厚一些。

製作甜塔時使用。

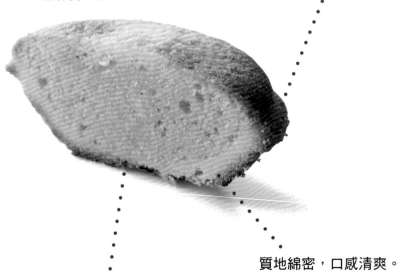

麵團容易成型。

質地綿密，口感清爽。

3.

千層塔皮 （La pâte feuilletée） → P.16

千層如其字面上的意思，是指烘烤後有層狀口感的麵團。在此介紹一般家庭中也可以輕鬆作出的速成版千層塔皮。

千層塔皮麵團烘烤後會變成一層一層的，也是較不易烤熟的基底麵團，鋪入塔模時要鋪稍薄一些。

在迷你塔模中鋪入三種
不同麵團。
上/千層塔皮
中/鹹塔皮
下/甜塔皮

香脆可口，
彷彿千層餅乾般的
輕盈口感。

2.

鹹塔皮 （pâte brisée） → P.14

法文brisée為易碎的意思，在製作過程只加入微量的砂糖，又稱為酥塔皮（pâte à foncer）。

鹹塔皮較難烤熟、上色，在鋪麵團時，要鋪得比甜塔皮稍薄一些。

製作甜塔或鹹塔時
皆可使用。

雖然作法
比較複雜費時，
但絕對值得一試的
塔皮麵團。

使用食物調理機
會比較好製作。

口感香脆酥鬆。

製作甜塔或鹹塔時
皆可使用。

實際製作前必須了解的
工具及烘烤知識

● 製作麵團時需要準備的工具

擀麵棍

若是以上等木頭製成的擀麵棍就沒關係，但普通的木製擀麵棍表面粗糙，擀麵時容易扭曲變形。本書所用的擀麵棍為圖中所示的兩種。灰色的擀麵棍實際上是水管，由於表面平滑，便於清洗拭乾。尺寸以直徑約3.5cm、長約45cm至50cm為佳，可於一般大型量販店購入。

而白色擀麵棍的表面粗糙不平，在擀平包了保鮮膜的麵團時不會滑動，非常方便。但由於會讓麵團受損，作千層塔皮時不使用。

毛刷

本書中使用烘焙專用毛刷，刷毛柔軟且較長，便於刷掉多餘的麵粉。若是使用刷毛較短硬的毛刷時，請不要刮傷塔皮喔！

●請以眼睛實際確認烘烤狀況

本書所記載的烘烤時間都為大致的時間。請以眼睛實際確認烘烤狀況，塔皮的邊緣是不是有確實烘烤上色，塔皮中央若是有膨脹起來那就是火侯足夠的證據。

另外底部的烘烤程度也非常重要。因為迷你塔比較容易從塔模中倒出來，可以翻面查看底部是否有烤熟，看完後要是發現底部烤得不太夠，請再放回塔模中繼續烘烤。

但一般的塔在烘烤期間沒辦法查看底部是否有烤熟，所以烤好後的塔底部若是烤出來的顏色不好看，在下一次烘烤時，可以試著延長塔皮的半烘烤時間，或是想辦法提高烤箱的下火溫度。總之，先實際烤一個塔，試著掌握在自家烤箱中，烤出一個完美的塔所需要的時間。

此外，堅果類的烘烤時間會依據堅果的狀況而有所改變，所以還是要一邊觀察實際的烘烤狀況，一邊調整烘烤時間。

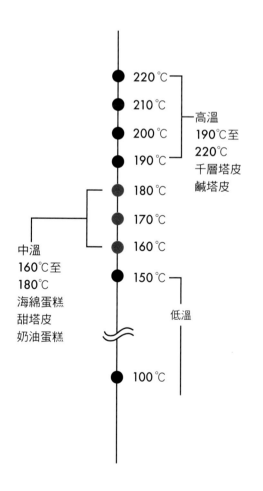

220℃
210℃
200℃   } 高溫
190℃   190℃至
        220℃
        千層塔皮
180℃   鹹塔皮
170℃
160℃
150℃

中溫
160℃至
180℃
海綿蛋糕
甜塔皮   低溫
奶油蛋糕

100℃

塑膠袋

本書中使用的是厚0.05mm×長26cm×寬38cm的厚塑膠袋。除了在將麵團冷藏休息時可以先將麵團裝起來之外，還可以將塑膠袋割開成片狀後包附在麵團上，方便擀麵棍擀開麵團。雖然要使用超市中販售的薄塑膠袋也可以，但是薄塑膠袋拉扯後會變形，容易沾黏在麵團上，使用時請務必小心。

●烘烤的溫度請配合自己的烤箱

在本書中烤箱溫度僅以中溫、高溫來表示。在中溫、高溫後的（）中填入的溫度，是依我自己使用的烤箱為基準的，所以只能作為參照而已。為什麼會說只能作為參照而已呢？因為大家所使用的烤箱都不一樣，就算同樣設定180℃，不同型號的烤箱烘烤程度也可能會有所不同。還有上火、下火的強度及烤箱內部的烘烤狀況也會因為烤箱不同而有差異。所以最重要的是要先知道自己烤箱的中溫。而要知道中溫最好的辦法，就是先試著烤個海綿蛋糕看看（蛋糕食譜請參照我的另一本著作《お菓子作りのなぜ?がわかる本》）。如果25分鐘就能烤出不錯的海綿蛋糕，那個溫度就是這個烤箱的中溫。接著將甜塔皮壓模成型後，放入烤箱中試著烤沙布列式餅乾，即可知道烘烤的上色狀況。

但是相對於甜塔皮適合以中溫（170℃至180℃）來烘烤，鹹塔皮則需要以稍微低一點的高溫（190℃）來烘烤。另外像水果蛋糕等點心，要以稍低的中溫（160℃）來烘烤。雖然都是中溫，但中溫還是有一個範圍，詳細請參照左邊的烘烤溫度範圍表。

另外如果使用的是對流烤箱，由於對流烤箱的下火大部分都比較弱，不易烘烤點心。所以以對流烤箱烘烤點心時，請不要放在烤盤上，直接放在網架上烘烤即可。但相反的，若是下火較強的烤箱，就請放在烤盤上烘烤。若是烘烤途中表面會燒焦，請以蓋上鋁箔紙等方式作適當的調整。

撒粉器具

這是在法國經常用來撒糖粉的工具。我是裝入高筋麵粉使用。以這個器具可以均勻的在麵團上撒上麵粉。但為了防止麵粉受潮，請在每次使用時換入新的麵粉。當然也可以濾網來當作撒粉的器具。

麵團1
甜塔皮麵團

甜塔皮如其名,是一種有甜味的麵團。將軟化的奶油加入砂糖,混合攪拌至有空氣感的乳霜狀,再加入蛋黃混合,最後再加入麵粉攪拌均勻,揉捏成黏土狀後,就是所謂的甜塔皮麵團。

所有的材料都要確實混合

製作這個麵團時,麵粉的蛋白質和水不會直接混合在一起,所以不易產生有黏稠成分的麩質。因此推擀麵團時好延展且不易變型,麵團烘烤後也不太會縮小,是一種很好用的麵團。

但,如果沒有將麵粉確實混合,由於不容易產生有黏稠性的麩質,麵團會變得鬆鬆垮垮的,容易裂開。為了避免這一點,在所有材料都混合攪拌後,一定要以手確實地將材料全部混合。

● 麵團的變化

甜塔皮麵團如果改變一部分的材料粉,就可以享受到不同口味的變化。

放入可可粉的麵團→詳見 P.35

放入杏仁粉的麵團→詳見 P.37

混合均勻的黏土狀麵團

想要讓奶油軟化的時候?

所謂的「讓奶油軟化」是將奶油放在室溫下待其軟化,直至從奶油的包裝紙上以手指頭一壓,奶油就會陷進去的狀態。但天氣冷時,奶油放在室溫下很難達到這樣的軟化狀態。相反的,在夏天時卻很容易讓奶油變得太軟。

最推薦的軟化方法就是以微波爐加熱。從冰箱拿出硬的奶油放入500至600瓦的微波爐裡加熱20秒後,以塑膠抹刀確認奶油中心部分的軟化程度。如果中心還是很硬,就視情況以5秒為單位再加熱數次,直到軟化至理想的狀態。

要使用哪種麵粉?

麵粉因所含蛋白質的量不同,可分為高筋、中筋、低筋麵粉。而適合用來製作甜塔皮和鹹塔皮麵團的是低筋麵粉。雖然市面上也有販賣精製度較高的低筋麵粉,但一般日本超市容易買到的低筋麵粉(例如:Flou牌或HATO),反而比較有嚼勁,更適合用來作基底麵團。

加在麵粉中的是糖粉?

白砂糖雖然能夠輕易溶解在蛋或水分較多的材料裡,但加在奶油中會幾乎無法溶解。

將白砂糖等高純度的砂糖磨碎後製成糖粉。由於顆粒小,加進奶油時容易與奶油結合,製作出來的麵團效果也會比較好,所以不管是甜塔皮或杏仁奶油餡,都會以糖粉製作。

9
從盆中將麵團取出，讓麵團成型即可。

6
把黏著在打蛋器上的麵糊仔細地刮入調理盆內。

3
加入蛋黃後，充分拌勻。

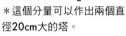

基本材料（成品約400g）
※蛋奶素
無鹽奶油 100g
鹽 1小撮
糖粉 80g
蛋黃 1個（約20g）
低筋麵粉（過篩）200g

＊因為這種麵團所含的水分很少，如果蛋黃少於20g，麵團的揉合程度會變得很差。因此蛋黃太少時，可加入一些蛋白至20g。
＊這個分量可以作出兩個直徑20cm大的塔。

10
將麵團放入塑膠袋內，以擀麵棍大略擀平後，放入冰箱冷藏。

7
再加入1/3的麵粉，從這個步驟開始請以塑膠刮刀來攪拌。接著再加入剩下的麵粉仔細拌勻。

4
加入1/3量的麵粉，以打蛋器混合。

1
把奶油攪拌至軟化。

麵團完成後！

剛作好的麵團還很柔軟，為了讓麵團變得比較好使用，要先放入冰箱冷藏。雖然等到麵團變得容易成型後就馬上鋪入塔模也可以。但如果時間充裕，將麵團放置一個晚上，可以讓麵團中的麵粉完全吸收水分，烘烤過後的塔皮就不會粉粉的，口感會更好。
麵團放入冰箱冷藏約可保存一個禮拜，但還是推薦大家以P.19所介紹的方法，將麵團鋪入塔模後，再連同塔模一起冷凍保存。

8
最後以手仔細揉捏混合。

5
將材料拌勻至如圖所示，完全看不到麵粉顆粒為止。到此為止的操作都是以打蛋器來攪拌。

2
把奶油放入調理盆內，加入鹽混合後，再將糖粉分3次加入攪拌均勻。

麵團2 鹹塔皮麵團

鹹塔皮麵團是一種將奶油加入麵粉中，與麵粉結合成綿細的顆粒狀，再加上水揉合而成的麵團。綿密的奶油顆粒可以作出易碎但酥鬆的麵團。只需要加入一點點的砂糖即可製成。

製作的方法有兩種

為了讓加在麵粉中的奶油變成綿細的細顆粒狀，製作的方式有以食物調理機或以打蛋器混合兩種。不管使用哪種方法，都要讓加入冷凍麵粉中的奶油，變成像麵包粉一般綿細鬆散的粉狀。製作時盡可能地縮短以手接觸麵團的時間，避免體溫使奶油軟化。

在烘烤前讓麵團休息

麵粉的蛋白質和水直接結合會產生含有黏稠成分的麩質。因此，與甜塔皮的麵團烘烤後容易縮小，是較有彈性的麵團，因此烘烤前要讓麵團充分休息。

像麵包粉一樣
綿細鬆散的粉狀

6

將麵團放入塑膠袋內，以擀麵棍大略擀平後放入冰箱冷藏。

把調理好的麵粉放入調理盆中，加入水和蛋汁。

基本材料（成品約450g）
※蛋奶素
低筋麵粉（過篩）250g
糖粉 1大匙
鹽 1/2小匙
無鹽奶油 150g
蛋 1個＋水共60g
手粉用的高筋麵粉 適量

＊這個分量可以作出兩個直徑20cm大的塔。

麵團完成後！

放入冰箱冷藏，讓麵團休息至方便使用的狀態。若時間充裕，將麵團放置一晚，麵團的狀況會更好。這種麵團就算放在冰箱冷藏，只要過了三天就會發霉，請盡早使用完畢，或將麵團先鋪入塔模內，放入冷凍保存。

以食物調理機製作的方法
事前準備

將麵粉放入冰箱冷凍庫，奶油放入冷藏庫冷卻備用。

1

2

以打蛋器製作的方法
事前準備

將奶油放置軟化。把麵粉放入冰箱冷凍備用。

1 在盆內放入冷凍後的麵粉，加入糖與鹽攪拌混合，再加入已經軟化的奶油。

2 像是要從上面將材料壓碎般的以打蛋器攪拌均勻。

3 接著快速地左右來回攪拌，讓奶油變成細顆粒狀。
＊軟化的奶油和冷凍後的麵粉接觸後，奶油就會凝固成細顆粒狀。

4 以手掌搓摩，讓材料變成鬆散的麵包粉狀（動作要迅速，以免奶油融化）。
接下來的步驟和以食物調理機製作的方法3至6相同。

4

以塑膠刮板（或塑膠刮刀）反覆將材料按壓在調理盆上，把材料拌勻。

5

最後以手充分地將材料推揉混合成一團後從盆中取出。

1

將冷卻的麵粉、砂糖及鹽混合，放入食物調理機中，稍微轉動食物調理機拌勻。接著放入切成約2cm的塊狀的奶油（如果食物調理機的容量較小，可分兩次放入）。

2

視情況以短秒數讓機器轉動，直至奶油塊消失，麵粉變得像麵包粉一樣鬆散。
＊若機器的迴轉次數太多，摩擦所產生的熱量會讓奶油融化。

麵團 3 千層塔皮麵團

所謂「千層」，就是將麵團作成層狀的意思，一般常稱為千層派皮麵團。在P.84所介紹的是正統千層塔皮麵團的作法，然而正統千層塔皮製作相當繁瑣費時。本書中所推薦的是在家也能輕易製作、比正統千層塔皮麵團時間短、步驟也較簡單的千層塔皮。只要在一開始作好一小片一小片奶油的麵團，再稍微用力地把麵團反覆揉開和摺疊，即可完成。

一邊讓麵團休息一邊製作

這個麵團會放入約麵粉半量的水，麵粉的蛋白質會和水直接接觸，再加上是以蛋白質含量較多的高筋麵粉來製作，麵團會產生很多的黏稠麩質。因此在製作麵團時，會有麵團很難揉開或一直回縮的狀況。為了減緩這種狀況，就必須要經常讓麵團休息。製作途中如果奶油融化了，也必須要讓奶油重新冷卻和其他麵團相比，這種麵團的製作過程確實比較繁瑣且費時，但是想到這種麵團經過烘烤後，塔皮那像是可以層層剝落般，蓬鬆又酥脆的口感，絕對是值得一試的麵團。

基本材料（成品約500g） ※奶素
低筋麵粉（過篩） 125g
高筋麵粉（過篩） 125g ┐合計250g
無鹽奶油 150g（量為麵粉的60％）
水 約125g（量約為麵粉的50％）
鹽 1/2小匙
手粉用的高筋麵粉 適量

＊這個分量可以作出三個直徑20cm大的塔。

事前準備
‧將低筋麵粉和高筋麵粉放入調理盆內以打蛋器充分攪拌混合，過篩後放入冰箱冷凍庫。奶油則放入冷藏庫中冷卻備用。
‧將鹽溶入水中後，冷卻備用。

奶油不完全和麵粉混合，保持在留有原本形狀的狀態。

一開始就必須要注意的是？
一開始將麵粉、奶油及水混合在一起的時候，奶油不可以是軟化的狀態。因為軟化的奶油會和麵粉完全混合，就作不出層狀的麵團。所以麵粉和水都要預先冷卻，奶油則是從冰箱中拿出來後，在還是硬的狀態下切成小塊直接使用。

作千層塔皮所使用的麵粉？
千層塔皮的麵團一定要具有良好的延展性，比起低筋麵粉，使用中筋麵粉更為適合。這裡是將高筋麵粉和低筋麵粉各取一半的量混合後使用。

手粉所使用的麵粉？
請使用較為乾爽的高筋麵粉。因為低筋麵粉的顆粒較細，當作手粉不僅麵團容易黏手，止滑性也很差。

休息、冷卻是什麼意思？
製作千層塔皮麵團，讓麵團休息是非常重要的。因為麵團中的麩質具有橡膠般的特性，即便將麵團揉開，麵團還是會回縮。但和橡膠不同之處，麵團可以藉由休息，讓這股回縮的力量消失。所以不要勉強把麵團推揉開，如果發現麵團的延展性變差時，就讓麵團休息一下吧！
當奶油過度軟化而溢出麵團表面，就沒有辦法將麵團作成漂亮的層狀。所以製作麵團時，要視實際狀況，適時地將麵團放到冰箱冷藏，讓麵團回復成方便製作的狀態，再繼續進行。

把所有的材料搓揉成一團，注意不要一直以手觸碰，避免奶油融化。

將預先備好的麵粉放入調理盆中，再將從冰箱中拿出的奶油切成約邊長1.5cm，厚度5mm的塊狀後放入麵粉中。接著在奶油塊上撒滿麵粉，防止奶油塊軟化後黏在一起。

將加有鹽的水均勻地倒入盆中。

以指尖輕輕搓揉，讓水和麵粉充分混合至完全無粉狀為止。

4 把所有的材料搓揉成一團，注意不要一直以手觸碰，避免奶油融化。

1 將預先準備好的麵粉放入調理盆中，再將從冰箱中拿出的奶油切成約邊長1.5cm，厚度5mm的塊狀後放入麵粉中。接著在奶油塊上撒滿麵粉，防止奶油塊軟化後黏在一起。

8 把麵團轉90度（就是麵團摺起來後，有開口的其中一側對著自己），再像要壓扁麵團一樣，以擀麵棍將麵團擀開。

5 將麵團放入塑膠袋中，大略擀平後放入冰箱冷藏，讓麵團休息（至少一個小時，能放一個晚上更好）。

2 將加有鹽的水均勻地倒入盆中。

9 麵團擀開至約40cm長後，第二次將麵團摺成三摺，再將麵團擀平密合。

6 把麵團放到桌上，在兩面都撒上手粉，以毛刷將多餘的手粉刷掉後，像是由中間往上下滾動般，以擀麵棍將麵團擀平。

3 以指尖輕輕搓揉，讓水和麵粉充分混合至完全無粉狀為止。

10 這個摺三褶的動作合計要作五次。在進行到第三次後，麵團表面會變得平滑，麵團的邊角也只要稍微拉一下就會成型。
＊製作途中奶油軟化了，一定要放回冰箱冷卻；發現麵團很難擀開時，也一定要讓麵團休息。此時記得要記下已經作了幾次摺三褶的動作。

麵團完成後！

這種麵團即便冷藏保存，也會在三天內發霉。在作完五次摺三褶的動作，把麵團放入冰箱充分休息之後，由於這個狀態的麵團是沒辦法直接使用的。要把麵團依照使用目的擀成適合的厚度，依據可以馬上放入塔模的大小分成2至3等分，再放入冰箱冷藏或冷凍。

麵團擀成塔皮大小？

（塔皮厚度在各食譜中均有註明）
如果是20cm的塔，連邊緣立起來的部分也算，大約要擀成直徑25cm的圓形（方形也可以）。
迷你塔也同樣地依照使用目的不同，擀成不同的尺寸。例如要以直徑9cm的壓模來切割麵團，就要把麵團擀成9cm×3，約27cm的大小。
若讓塔皮間留有更多空間，擀成30cm大小，壓出9張塔皮後，再將剩下的麵團搓揉成新的麵團，就能再壓出更多的塔皮，像這樣以迷你型壓模來準備食譜中所需要的塔皮數。

7 把麵團擀開至約40cm的長後，第一次將麵團摺成三褶。接著以擀麵棍平均的擀開，讓麵團再度密合。
＊摺起來時內側那一面要充分地撒上手粉。

8 把麵團轉90度（就是麵團摺起來後，有開口的其中一側對著自己），再像要壓扁麵團一樣，以擀麵棍將麵團擀開。

9 麵團擀開至約40cm長後，第二次將麵團摺成三褶，再將麵團擀平密合。

將完成的麵團鋪入塔模吧！

與其把麵團整塊放著，不如先鋪入塔模中再保存，如此一來想作塔時隨時都可以動手製作。

● 準備燒烤用的塔模和切割塔皮用的壓模

塔模

本書中用的是直徑20cm的塔模。推薦大家使用底盤可以拿掉的活動型塔模。雖然書中沒有使用長方形塔模，但若使用長方形塔模時，要切成數等分時會比較方便。

本書所使用的塔模與壓模

A 直徑20cm的塔模，高約2.5cm（底盤可以拿掉的類型）

B 直徑7.5cm的迷你塔模（上方開口比底座稍大的梯型模）

C 直徑6.5cm的迷你塔模（上方開口很大且深的塔模）

D 直徑5.5cm的迷你塔模（從開口沿著底部變圓弧形的塔模）

E 邊緣為菊花形和圓形的壓模各三種

鋪入塔模後就立即冷凍

建議將塔皮鋪入塔模後，就連同塔模放入密封袋或密封容器中冷凍。特別是容易發霉，且需要充分放置時間的鹹塔皮和千層塔皮，請連同塔模一起冷凍備用。這樣不論何時想作塔都能方便取用。

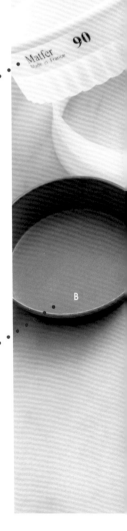

整個塔皮連塔模一起放入密封袋或密閉容器中冷凍。如果塔皮已經稍微結凍變硬了，堆疊著放也沒關係。不過雖然可以冷凍保存，放太久麵團還是會劣化。冷凍保存後建議在一個月內使用完畢。

壓模

壓模的尺寸如果以底的直徑＋（高度×2）這樣單純計算會太大。所以請配合手邊的塔模尺寸來購買壓模。

本書中是配合使用的迷你塔模尺寸來表示壓模的直徑大小（請參照P.25）。

不過這也只是大致的尺寸而已。還是先將麵團壓模成形，放進塔模中試一次看看吧！

壓模有分為邊緣為平整的圓形及可以壓出花瓣形邊緣的菊花形壓模。

迷你塔模

烘焙用品店品項會多到眼花撩亂，但與其每個種類都各買一兩個，買10個左右相同的塔模會比較好。

雖然本書中使用了三種不一樣的迷你塔模，但是不一樣的塔模也沒關係。如果一開始只想買一種塔模，建議先買直徑6.5cm至7cm，開口較寬且深的塔模（圖C）。這種類型的塔模比較容易鋪入塔皮。

麵團不同，
塔模的事前準備
和麵團的鋪法
也不同

塔型：將甜塔皮
鋪入塔模

這裡以甜塔皮來說明將塔皮鋪入塔模中的基本方法。將甜塔皮麵團以塑膠套（裁開後的塑膠袋）包起，再進行作業。由於麵團容易裂開，作業時請特別小心。

塔模的事前準備（甜塔皮&鹹塔皮通用）

3 做後變成像這樣，鋪上一層薄薄的麵粉在塔模上。
＊因為有先放入冰箱冷卻，可以鋪上最少量的麵粉。

2 撒上麵粉，以手在塔模的側邊輕輕拍打，讓麵粉均勻的鋪在塔底上，再把多餘的麵粉去除。

1 在塔模底部塗上軟化的奶油後，先放入冰箱冷卻一下。

為什麼要以塑膠套包起來作業？
甜塔皮麵團是以蛋黃搓揉而成的，水分少，缺少麩質的黏性，容易裂開，也不好移動。以塑膠套包起來的話，要擀開或是移動麵團都會變得比較輕鬆。把塔皮四面都完整地包起來，不僅有助於將麵團擀成均一的厚度，也不需要撒上手粉。

鋪在塔模中的粉要用哪一種？
與手粉一樣使用高筋麵粉。使用低筋麵粉製作，塔皮會容易黏在塔模上。

鋪入塔模的步驟

1 將220g的麵團以塑膠套包起來，以擀麵棍壓平後，擀成厚度4mm，直徑25cm的圓形。

2 如果擀麵時麵團有邊角，就先把表面的塑膠套拿開，將塔皮的四角往內摺後，再擀成圓形。

3 最好一邊擀一邊以手將邊緣有角的地方修圓。

4 蓋上塑膠套，滾動擀麵棍將塔皮擀成圓形。

5 將蓋在塔皮表面的塑膠套拿掉後，將手伸到塔皮下方的塑膠套下把塔皮翻過來，直接蓋在塔模上，再把塑膠套拿掉。

6 將邊緣多出來的塔皮慢慢的以手指按壓進塔模中。

7 將多出塔模的塔皮壓進塔模底部，讓塔皮與塔模的側面密合。側面的塔皮要比底部的塔皮更厚些。

8 沿著塔模邊緣以刀子將多出來的塔皮削掉。刀子要從內向外，貼緊塔模邊緣移動來切割。

9 以手指按壓，讓塔皮緊貼塔模側面，同時將塔皮邊緣的切割面給整平。

10 在塔底以叉子均勻的戳出空氣孔（戳洞）。

放入塔模後！

塔皮放入塔模後，請放入冰箱休息20至30分鐘休息。如果沒有馬上使用，請放入冰箱冷凍保存。

如何處理剩下的麵團？

如果是要作成沙布列等其他點心，不用作新麵團，以剩下的麵團製作即可。如果是要作塔，先和新麵團重新揉合，下次要鋪入塔模時再使用。

什麼是戳洞？

以叉子插出空氣孔的動作稱為PIKE（戳洞的意思）。

將塔皮鋪入塔模的方法，基本上與P.21的甜塔皮相同，但由於這是容易沾黏的麵團，所以需要撒上一些手粉後再擀平。此外，塔皮反過來要放到塔模中時，要以擀麵棍把塔皮捲起後，再移動到塔模上。也請務必將多餘的手粉掃掉。

塔模的事前準備

和P.20的甜塔皮相同，塗上奶油後，撒上高筋麵粉。

鋪入塔模的步驟

一開始的步驟與P.21甜塔皮的步驟①相同，將約220g的麵團以塑膠套包起後擀開。由於這種麵團較易沾黏，請在兩面撒上少許手粉，並將多餘的手粉以刷子掃去。

將塑膠袋裁開鋪平，若是塔皮放上後會沾粘，就撒上一些手粉，再將多餘的手粉掃掉，把塔皮擀成圓形。

以擀麵棍將塔皮捲起翻面。

在翻面的塔皮上撒上手粉，將多餘的手粉拍掉後，把塔皮擀成厚度3mm，直徑25cm的圓形。

以擀麵棍捲起塔皮，移動到塔模上，輕輕地將塔皮給放上去（要注意不要壓到擀麵棍而不小心切斷塔皮）。

在塔模上將塔皮平放展開的狀態。

接下來的順序請依照P.21甜塔皮的步驟⑥至⑩的順序操作。

放入塔模後！

由於此種塔皮容易回縮，所以要先放在冰箱中休息，直至變成好處理的狀態為止（約一小時），最好放置一個晚上。因為這個麵團很容易發霉，所以如果不是馬上要作，請放入冰箱冷凍保存。

需要手粉的麵團有哪些？

一般都會認為要擀開麵團就需要撒上手粉。不過甜塔皮麵團是以塑膠套包著直接擀開，不需要手粉。但鹹塔皮及千層塔皮在擀開麵團時，都需要撒上手粉。

如何處理剩下的麵團呢？

與P.21的甜塔皮麵團相同，把剩餘的麵團揉合在一起，留待下次使用即可。

將千層塔皮鋪入塔模

在作塔皮的時候，請依照需要的尺寸，作出比所需尺寸更大的塔皮，再將充分休息過後的塔皮鋪入塔模。製作途中，如果麵團會沾黏，可以撒上一些手粉。若有撒手粉，請務必將多餘的手粉刷掉。

塔模的事前準備

因為是好脫模的麵團，所以在塔模上塗上奶油即可，不需撒粉。

塗上奶油可以讓乾爽的麵團與塔模更加密合，更容易鋪入。

鋪入塔模的步驟

請準備充分休息後的麵團。（這邊使用的是直徑20cm的塔形塔模，所以準備了一張厚度2mm至3mm，邊長25cm的方形塔皮）

為了讓塔皮變成圓形，將塔皮的四角切掉。。

撒上手粉後將多餘的手粉刷掉，修整切掉的四角，讓塔皮變成圓形。以擀麵棍將塔皮捲起後翻面，同樣撒上手粉後將塔皮擀成圓形。

以擀麵棍捲起塔皮，移動到塔模上，輕輕地攤開。

將塔皮像垂放到塔模底部，立起來的塔皮就讓它緊密地貼合塔模側面。

以剪刀將塔皮多餘的部分剪掉，不要沿塔模邊緣修剪，僅剪下多出的部分。

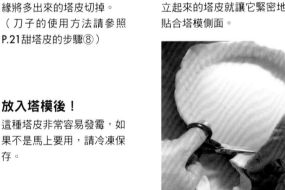

在塔底戳洞後，不要修剪邊緣多出的塔皮，直接將塔放入冰箱冷藏2至3小時。

使用前再以刀子沿著塔模邊緣將多出來的塔皮切掉。（刀子的使用方法請參照P.21甜塔皮的步驟⑧）

放入塔模後！

這種塔皮非常容易發霉，如果不是馬上要用，請冷凍保存。

如何處理剩下的麵團呢？

千層塔皮麵團和其他麵團不一樣，不能隨意將剩餘麵團全部揉在一起。

為了不破壞塔皮的層狀構造，將塔皮與塔皮的邊緣稍微疊放，再以擀麵棍將疊放在一起的塔皮擀成一片。讓塔皮充分休息後再使用。這種將剩餘塔皮合成的新塔皮，稱為第二塔皮。此種塔皮不會過度膨脹，非常適合作底的材料，一般點心店大多以第二塔皮作塔。

迷你塔型：將甜塔皮鋪入塔模

或許你會覺得製作迷你塔很麻煩，但因為麵團的用量少，作起來意外的輕鬆。麵團的準備及方法都與塔形的作法相同（參照P.21）。

鋪入塔模的步驟

（以直徑7.5cm的迷你塔模為例）

1
將塑膠套鋪在麵團底部，把麵團擀平。再以比塔模還要大的直徑9cm的菊形壓模切割成型。

4
以手指像是要讓塔皮邊緣立起來一樣，一點一點（視塔皮狀況）把塔皮推入塔模中。

塔模的準備

1
以手指頭在塔模內塗上奶油，再將塔模放進冰箱冷卻。

2
以手從塑膠套底部輕推，取下塔皮，放上塔模。

5
拿起塔模用力地敲打桌面幾下，讓塔皮能更貼合塔模。

2
在調理盆中放入手粉，再以步驟1的塔模進去撈粉後，翻麵倒出多餘麵粉，讓整個塔模都沾上手粉。

3
以竹籤在塔皮上戳2至3個小孔，這樣可以排出空氣，讓塔皮更容易鋪入塔模。

6
在塔底及側面的底緣部分以竹籤戳出小孔（為了將空氣排出）。

7

底部貼合後，以手指輕壓側
邊，讓塔皮邊緣和塔模完全
貼合。

8

最後再以竹籤在塔底均勻的
戳出小洞。

放進塔模後！

與P.21的塔型一樣，將塔模
連同塔皮一起放進冰箱休息
20至30分鐘後再使用，或
冷凍保存。

B　　A

●**使用圓形壓模的情況**

將以壓模切割好的塔皮放進塔模中，以
刀子沿著塔模邊緣將多出的塔皮給修掉
（圖A、B）。以刀子切割塔皮的方法請
參照P.21甜塔皮的步驟⑧。

將鹹塔皮鋪入塔模

和P.22的塔型相同，在撒上手粉後擀
平麵團。鋪入鹹塔模的方法和甜塔皮
相同。但因為鹹塔皮在鋪入塔模後
容易縮小變形，所以要將麵團先放
入冰箱冷藏休息至更好處理的狀態
（約一個小時以上），能讓塔皮先
休息一個晚上後再使用更好。因為
很容易發霉，如果不是馬上就要使
用，請放到冰箱冷凍保存。

將千層塔皮鋪入塔模

和P.23的塔型相同，將已經事先擀平
的麵團，依鋪入甜塔皮的步驟放入
塔模，但先不處理塔模邊緣多出的
塔皮，直接放入冰箱讓塔皮休息2
至3個小時。充分休息後，再把邊
緣多出的塔皮修剪掉。（請參照
P.23）。因為很容易發霉，如果不
是馬上就要使用，請放到冰箱冷凍
保存。

大小剛好的壓模尺寸是哪一種？

如果塔模邊緣為圓弧狀時，可以刀子將邊緣多出的塔皮
削掉，但邊緣若是菊花形，大小不合就沒辦法了。首先
先確認尺寸是否適合，如果菊花形的壓模較小，麵團就
稍微擀得厚一點，等鋪入塔模時再以手壓薄推開，這樣
連邊緣也能完整鋪上塔皮。

在本書中，甜塔皮和鹹塔皮基本上若是要使用直徑
7.5cm的塔模，就會配合9cm的壓模；如果是直徑6.5cm
的塔模，就會配合8cm的壓模；直徑5.5cm的壓模，就
會配合直徑7cm的壓模來使用。

如果是千層塔皮麵團，如果經過充分的休息與冷藏後，
再鋪入塔模，塔皮就不會回縮。所以正式將塔皮鋪入
前，先試著以壓模切割塔皮，將塔皮放入塔模內試試
看，再決定要用哪個壓模。

塔皮的預先烘烤方式會依麵團種類而不同

根據食譜不同，有時在塔底放入內餡前，要先將塔皮預先烘烤。因為如果不預先烘烤，有時候塔皮邊緣及表面都烤熟了，但底部仍是半生不熟的狀態。事先把塔皮烘烤過，再放入內餡一起烘烤，即可將塔緣及塔底都烤得香酥美味。預先烘烤到生塔皮呈現淡焦糖色的程度即可。

●甜塔皮的預先烘烤

不加任何東西烘烤 → 烘烤後的塔皮

由於甜塔皮不會因為烘烤而回縮，所以上面不需鋪東西，把生塔皮直接放入中溫（約170℃至180℃）的烤箱中烘烤，烤到塔皮呈現淡焦糖色即可（約15分鐘）。

●鹹塔皮的預先烘烤

將塔皮以鋁箔紙包住 → 烘烤後的塔皮

鹹塔皮如果直接烘烤會回縮，所以要以鋁箔紙把整個塔皮給包覆住再烘烤。請準備比塔皮尺寸還要大的鋁箔紙，在其中一面塗上奶油，撒上少許高筋麵粉後，以這一面緊密貼合冷卻的塔皮，連派皮邊緣都確實的包裹住。放進較低的高溫（約190℃）烤箱中烘烤約15分鐘後，再輕輕地把鋁箔紙拿掉。

●千層塔皮的預先烘烤

將塔皮以鋁箔紙包住後在上面鋪滿小石頭等重物 → 烘烤後的塔皮

千層塔皮若是直接烘烤，不但會回縮，塔皮本身還膨脹到連內餡都放不進去，所以一定要在塔皮上面加重物。和鹹塔皮一樣，要以鋁箔紙緊緊的包住塔皮，並在上面鋪滿重壓用的小石頭（使用米或豆子也可以），放進高溫（約200℃）的烤箱中烘烤。千層塔皮比其他塔皮更難烤熟也更費時，所以烘烤時要不時確認塔皮的烘烤程度（約20分鐘）。

在烘烤的途中，可以把鋁箔紙掀開確認，即便邊緣已經開始出現烤熟的顏色，但底部還沒烤熟，那就表示還要繼續烘烤。另一種情形是，即便底部沒有出現烤熟的顏色，但表面已經變成白色的乾燥狀態，塔皮的預先烘烤也算是完成了。

一起來作塔吧！

甜塔作法→P.28至P.73&P.86
鹹塔作法→P.74至P.83

作好塔的第一步
就是作出杏仁奶油餡

作塔最不可或缺的就是杏仁奶油餡了。杏仁奶油餡的作法非常簡單，而且和任何麵團都很搭，又可以作出各式各樣不同的變化，是一種運用範圍十分廣泛的餡料。所以就先介紹以杏仁奶油餡作成的塔和迷你塔吧！

基本款杏仁奶油餡作法→P.31

填滿杏仁奶油餡
法式杏仁塔

說起法國最具代表的塔，就是在P.5介紹過的法式杏仁塔了。下圖是這個塔的迷你塔版。和塔一樣填入了滿滿的杏仁奶油餡，經過簡單的烘烤，塔面刷上一層杏仁果醬，撒上一些杏仁片後就完成了。在烘烤前先撒上杏仁片，或是在烘烤後撒上糖霜也不錯。

這種塔的塔皮大多使用甜塔皮，但也可以P.8提到的鹹塔皮或是千層塔皮來製作，可以品嚐到不一樣的口感。

法式杏仁塔作法→P.30

材料 ※蛋奶素
（直徑20cm的塔模1個分）
甜塔皮（P.12）約220g
杏仁奶油餡
　右邊所記的兩倍量
杏仁果醬 適量
杏仁片 適量

法式杏仁塔

塔皮的事前準備

1　參照P.21至22，將塔皮鋪入塔模。

2　參照P.26，預先烘烤塔皮。

3　趁步驟②還溫熱時，在底部刷上杏仁果醬（如果果醬太硬請先以微波爐加熱）（圖A）。

填滿奶油內餡至烘烤

4　參照P.31製作杏仁奶油餡，在步驟③的塔中擠入滿滿的杏仁醬（注意不要沾到塔邊緣）後以塑膠抹刀推平。這時如果把它放在旋轉台上，就可以把抹刀貼著杏仁奶油餡再轉動迴轉台，比較容易讓杏仁奶油餡均勻填入塔內（圖B）。

5　杏仁奶油餡均勻推平後，將裝滿內餡的塔模在桌子上敲幾下，消除杏仁醬和塔的之間的縫隙。表面整理平滑後，放入中溫（170℃至180℃）的烤箱內烘烤（約25分鐘）。看到塔烤出漂亮的顏色，且中央有膨脹起來，就是烤好了。

6　烘烤完成後，馬上在塔的底部墊上一個較小但有高度的容器。放上去之後塔模的邊緣就會自動脫落（圖C、D）。

7　最後裝飾與迷你塔一樣，在塔的表面上刷上杏仁果醬，撒滿烤過的杏仁片，放涼後再輕輕的把塔模的底板抽掉。

材料※蛋奶素
（直徑6.5cm的迷你塔模8至9個分）
甜塔皮（P.12）約200g
杏仁奶油餡
┌無鹽奶油 50g
│糖粉 50g
│蛋 1個（去殼後重約50g）
│杏仁粉 70g
│檸檬皮屑 少許
└檸檬汁 1大匙
杏仁果醬 適量
杏仁片 適量

法式杏仁塔（迷你塔）

塔皮的事前準備

1　參照P.24，以壓模切割出直徑8cm的塔皮，並將塔皮鋪入塔模內。

填滿奶油內餡至烘烤

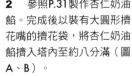

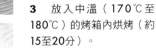

2　參照P.31製作杏仁奶油餡。完成後以裝有大圓形擠花嘴的擠花袋，將杏仁奶油餡擠入塔內至約八分滿（圖A、B）。

3　放入中溫（170℃至180℃）的烤箱內烘烤（約15至20分）。

4　趁熱脫模。如果太燙請戴手套（圖C、D）。

5　將杏仁片稍微烤過。

6　在塔面上刷上杏仁果醬後（如果果醬太硬請先以微波爐加熱）（圖E），再撒上2至3片烤過的杏仁片。

基本款杏仁奶油餡

基本款杏仁奶油餡材料為奶油、糖粉、杏仁粉及與其他材料等量的蛋，在這些基本材料之外，還可以依照自己的喜好，加入一些不同的材料，作出不一樣的風味。

杏仁奶油餡的作法也相當簡單，只要把所有的材料都混合拌勻即可，但要注意的一點是，如果把蛋先全部加入，有時會造成奶油分離的現象。所以一定要把杏仁粉和蛋交互分次少量加入混合攪拌。

基本材料的組合就可以烘烤出口感相當濃厚的杏仁塔，但是想讓杏仁塔烘烤得更有蓬鬆感時，可以將杏仁粉的量增加兩成，或是加入少量的低筋麵粉搭配使用。在本書的食譜中，如果是使用了加入低筋麵粉的杏仁奶油餡會在材料部分清楚標示。杏仁奶油餡作好後，基本上馬上就能使用了，但放置半天後再使用是最理想的。因為杏仁粉會吸收蛋的水分，會讓杏仁奶油餡的狀態更加穩定。由於放在冰箱冷藏可以保存數日，所以預先作好備用也可以。

●也可以作成榛果奶油餡 或核桃奶油餡

將杏仁粉換成榛果粉或核桃粉，就可以製作出榛果奶油餡或核桃奶油餡，一點變換就可以享受更多更豐富的選擇。製作的方法和順序都與製作杏仁奶油餡時相同（參照 P.36）。

●杏仁果醬的製作方法

杏仁果醬是作好這個杏仁塔不可或缺的幫手。特別是手工製作的杏仁果醬風味更是獨具風味。因為杏仁的產季非常短暫，所以有機會看到的話可以買回來預先作好。
這裡介紹的作法是為了作點心用，加入了大量砂糖熬煮許久的類型。

材料 ※全素
杏仁 500g
白砂糖 400g

1　杏仁清洗去蒂。不要剝皮。以刀子將杏仁切半，取出杏仁核，為了製造香氣，請留下幾顆杏仁核。

2　把杏仁放進鍋內，以小火加熱，拿抹刀將杏仁一邊壓碎一邊攪拌，等杏仁出水。如果杏仁很難煮軟，可以加入一些水。

3　等杏仁煮的軟爛，水分排出後，如果想將果醬的口感作的比較柔滑，那就以濾網過篩。只要將煮好的杏仁放在濾網上，以抹刀簡單的按壓，就可以只留下少許纖維。

4　把擠壓出來的杏仁泥再放回鍋中，在差不多要煮沸時加入白砂糖和一開始預留下來的杏仁核，為了避免鍋底燒焦，煮得時候請以抹刀不斷的攪拌。因為冷了之後杏仁果醬會變硬，所以請注意杏仁泥煮的熟爛程度。

基本材料 ※蛋奶素
（完成後約200g）
無鹽奶油 50g
糖粉 50g
蛋 1個（去殼後重約50g）
杏仁粉 50g
喜歡的副材料 適量

1　將在室溫下軟化的奶油放入調理盆內，以打蛋器攪拌至乳霜狀。再把砂糖分2至3次加入調理盆中，仔細拌勻。

2　蛋打散後與杏仁粉交互分3至4次倒入盆中，每次加入都要確實混合（圖A、B）。再加入喜歡的副材料後拌勻。
＊若要加入低筋麵粉，在步驟①的奶油與砂糖混合後就可以加入低筋麵粉攪拌混合。

蛋&杏仁粉要交互依序加入喔！

A

B

C

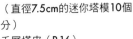

材料※蛋奶素

（直徑7.5cm的迷你塔模10個分）

千層塔皮（P.16）

把基本量的1/2的麵團擀成厚度約2mm的塔皮

杏仁醬（加入低筋麵粉）

- 無鹽奶油 50g
- 糖粉 50g
- 蛋 1個（去殼後重約50g）
- 杏仁粉 50g
- 低筋麵粉 15g
- 萊姆酒、檸檬汁 各2小匙

蜜棗 20顆

塔面裝飾用榛果 30顆

塔面裝飾用珍珠糖 適量

塔皮的事前準備

1 參照P.25的作法，把塔皮麵團以直徑10cm的壓模切割成型，將塔皮鋪入塔模內，但不切除高出塔模邊緣的塔皮。

填滿奶油內餡至烘烤

2 參照P.31的作法，製作有加入低筋麵粉的杏仁奶油餡，最後加入萊姆酒和檸檬汁攪拌均勻。

3 以裝有圓形擠花嘴的擠花袋將步驟②裝入後，在塔底擠上薄薄一層。把杏仁奶油餡擠到塔內。

4 將2顆蜜棗以手指放進塔模內（圖A），在蜜棗上擠上杏仁奶油餡（圖B）。

5 在杏仁奶油餡上擺上對切的榛果和珍珠糖後，把塔模邊緣多出來的塔皮往內側摺入（圖C）。

6 放入中溫（180℃至190℃）的烤箱中烘烤（20至25分鐘）即完成。

變化款
蜜棗杏仁奶油塔

這是個以千層塔皮作成的，加入蜜棗的杏仁塔。不將超過塔模邊緣的塔皮切掉，而是直接往內側捲起作為裝飾，再烘烤成型。這也是以千層塔皮為基底才能作出的變化塔。

不管是堅果或珍珠糖都是不會出水的材料，所以就算放了一段時間，這個塔皮仍舊可以保持原本的甜美風味。

如果塔皮變得濕軟，可以把再放回烤箱稍微烘烤一下，就會回復原本酥脆的口感。

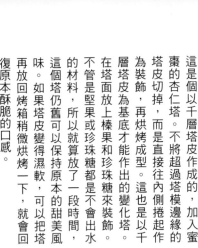

材料※蛋奶素
（直徑6.5cm的迷你塔10個分）
甜塔皮（P.12） 約220g
杏仁奶油餡
- 無鹽奶油 50g
- 糖粉 50g
- 蛋 1個（去殼後重約50g）
- 杏仁粉 70g
- 檸檬皮屑 少許
夏橘果醬 120g
皇家糖霜
- 糖粉 約80g
- 蛋白 約20g
- 低筋麵粉 1/4小匙
裝飾用松子 適量

＊10個分的迷你塔，大約會使用掉約一半又多一點的杏仁奶油餡。

塔皮的事前準備

1 參照P.24以菊花形壓模切割出直徑8cm的塔皮，鋪入塔模中。

填滿奶油內餡至烘烤

2 製作皇家糖霜。
在調理盆內放入蛋白，加入糖粉，拌勻後加入低筋麵粉再度攪拌。如果太硬就加入一點蛋白，太軟就加一點糖粉，視情況調整材料的量。

3 參照P.31的作法，製作杏仁奶油餡，最後加入少量的檸檬皮屑增添風味。

4 在步驟①的底部刷上夏橘果醬後填入步驟③的杏仁奶油餡。因為接著還要加上皇家糖霜，所以擠的量要稍微控制一下（圖A）。

5 把塔在桌面上輕敲幾下，讓塔面變得平坦（圖B）。

6 鋪上一層皇家糖霜在步驟⑤上面（圖C）。

7 把松子擺放到塔面上（圖D），放置20分鐘左右讓表面乾掉後，放入中溫（170℃至180℃）的烤箱中烘烤（15至20分）。

8 因為皇家糖霜很容易裂開，脫模時不要把塔整個顛倒，請以刀子的前端等尖銳物輕輕的從塔底將塔整個托高拿出（圖E）。

塗滿皇家糖霜
肯貝魯沙西歐
糖霜杏仁奶油塔

有一種製作方法流傳已久，製作起來複雜且費時，那就是肯貝魯沙西歐糖霜杏仁奶油塔。為了省時，我以甜塔皮來作這個塔。

從開始製作到在塔內填滿杏仁奶油餡為止，製作方法都與法式杏仁奶油塔相同，不同的是，會在杏仁奶油餡上塗上皇家糖霜後再行烘烤。塔面上焦糖般的脆脆口感，和刷上夏橘果醬的塔底塔皮上的清爽果酸味相當對味。

🌸什麼是肯貝魯沙西歐？

肯貝魯沙西歐就是法文中的「對話（Conversation）」的意思。在法國把與人對話這件事情以左右手的食指交叉來表示，這個塔的設計想法就是來自這個法文字的動作。原本的作法是在千層塔皮裡填滿杏仁奶油餡後，蓋上塔蓋，在塔蓋上塗上皇家糖霜，接著以搓成細條狀的麵團條在塔蓋上作成格子狀後烘烤。等到皇家糖霜烤出顏色後，塔的周圍也烤成焦糖色，即可作出這個獨具風味的甜塔。

加入咖啡風味杏仁奶油餡
巧克力咖啡杏仁奶油塔

這也是杏仁奶油塔的變化型。在甜塔皮麵團中加入可可粉,把杏仁奶油餡作成咖啡風味後烘烤,就可以作出巧克力咖啡杏仁奶油塔。雖然看起來口味好像非常濃膩,吃起來卻擁有綿滑鬆柔的上等口感。像這個將麵團和奶油簡單地作出不同變化,依自己喜好一再下點功夫就可以作出各種變化款甜塔。

塔皮的事前準備

1 製作加入可可粉的甜塔皮。將可可粉以濾網過篩,請參照P.12作出麵團。這裡的使用量約為220g。

2 參照P.24,以菊花型壓模切割出直徑7cm的塔皮,放入塔模中(圖A)。

填滿奶油內餡至烘烤

3 參照P.31,以A的材料製作杏仁奶油醬,再將B的萊姆酒加入即溶咖啡粉拌勻(圖B)。

4 在塔模裡填入步驟③的奶油至八分滿(圖C),放入中溫(170℃至180℃)的烤箱中烘烤(15至20分)後,充分放涼備用。

加上巧克力醬裝飾

5 調節巧克力的溫度。將巧克力放入盆中,以50℃至60℃的熱水隔水加熱,將它融化。

6 把步驟⑤中的調理盆底部浸入水中,以刮刀不斷攪拌使溫度下降。趁調理盆內的巧克力醬溫度降低時,再把隔水加熱的鍋子加熱備用。此時攪拌巧克力醬會可以看到調理盆底部(圖D)。等到溫度完全下降後,以塑膠刮刀攪拌時,會看到調理盆底部黏附著一層薄薄的巧克力醬(圖E)。此時非常快速的將調理盆底部接觸一下熱水(圖F),這時候的巧克力醬就是最好的狀態。

7 以手抓緊迷你塔後,把塔倒轉過來,沾上巧克力醬(圖G),接著在塔面上擺上一顆裝飾用的巧克力豆(圖H)。每沾完一個塔,就要再把步驟⑥的巧克力醬稍加攪拌後再繼續使用。

材料※蛋奶素
(直徑5.5cm迷你塔模型10個分)
加入可可粉的甜塔皮*約200g
咖啡風味的杏仁奶油餡
　A ┌ 無鹽奶油 50g
　　│ 糖粉 50g
　　└ 蛋 1個(去殼後重約50克)
　B ┌ 杏仁粉 60g
　　│ 萊姆酒 1大匙
　　└ 即溶咖啡粉 1大匙
製作點心用的巧克力
　牛奶巧克力(切塊) 200g
裝飾用的咖啡豆型
　巧克力 10個

* 加入可可粉的甜塔皮麵團是在P.12的食譜中記載的材料中,將低筋麵粉改為170g,再加上30g的可可粉製作而成。

🔵 為什麼巧克力需要調溫?

如果只是把巧克力融化,巧克力之後很難結塊變硬,而且也沒辦法作出有亮澤的巧克力醬。就算巧克力表面變白,把它放進冰箱裡面冷藏,巧克力表面上看起來像是冷卻凝固了,但實際上當你把它從冰箱中拿出來,只是以手指去碰觸,巧克力就又會融化掉了。因此調溫是必要的。

塔皮的事前準備

1 參照P.25以菊花形壓模切割出直徑9cm的塔皮,鋪入塔模中。

填滿奶油內餡至烘烤

2 製作榛果奶油餡參照P.31的作法,將杏仁粉以榛果粉替代,最後加入萊姆酒漬葡萄乾以增添風味。

3 將步驟②放入沒有加上擠花嘴的擠花袋後,擠入步驟①中(圖A)。接著把香蕉切成2cm厚度大小的圓形切片,每個塔中放入3片,再塗上融化的奶油(圖B)。

4 撒上珍珠糖,放入略高的中溫(180℃至190℃)烤箱中烘烤(20至25分鐘)。

材料※蛋奶素
(直徑7.5cm的迷你塔模9個分)
千層塔皮(P.16)
　把基本量的1/2的麵團擀成厚
　度約2mm的塔皮
榛果奶油餡
┌無鹽奶油 50g
│糖粉 50g
│蛋 1個(去殼後重量50g)
│榛果粉 60g
└香草精 少許
萊姆酒漬葡萄乾 60g
香蕉 5至6根
無鹽融化奶油 少許
珍珠糖 適量

香蕉榛果塔
加入榛果奶油餡

以榛果作出獨具風格的奶油餡。在口感酥脆輕盈的千層塔皮上鋪滿美味的新鮮香蕉。向來平凡無奇的香蕉在經烘烤後,也會因為榛果奶油內餡散發出的香味,讓香蕉的變得更加甜美可口。

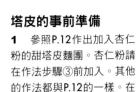
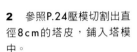

加入核桃奶油餡
焦糖核桃塔

不單是杏仁粉，也可以在填滿以核桃粉作成的奶油後，再加上與核桃非常搭配的焦糖醬烘烤，就可以作出這個甜塔。塔皮也很特殊的，是加入杏仁口味的麵團所作成的。雖然也有市販的核桃粉，但是在這邊介紹一個輕易的把核桃壓碎成粉狀的方法。核桃的油分很多，和砂糖一起混合後再壓碎，這樣子就能作出最完美的核桃粉。另外，加入低筋麵粉是為了要防止核桃粉變的油膩黏稠。在烘烤前就做好裝飾也沒問題。

塔皮的事前準備

1 參照P.12作出加入杏仁粉的甜塔皮麵團。杏仁粉請在作法步驟③前加入。其他的作法都與P.12的一樣。在這裡約使用160g的麵團。

2 參照P.24壓模切割出直徑8cm的塔皮，鋪入塔模中。

填滿奶油內餡至烘烤

3 製作核桃奶油醬。將核桃和糖粉以食物理理機磨碎，和麵粉混合拌勻（圖A、B）

4 與P.31的杏仁奶油餡作法一樣，將軟化的奶油和蛋汁以及步驟③交互加入後混合拌勻，加入萊姆酒。

5 將步驟4擠入塔模中，放入中溫（170℃至180℃）烤箱中烘烤（15至20分鐘）。

沾上焦糖醬後完成

6 製作奶油焦糖醬。在有深度的小鍋中加入砂糖，放入少許的水，以中火加熱。請不要以刮刀攪拌。

7 開始加熱後砂糖會融化，融化至呈現焦黃色時，搖動鍋子繼續加熱（此時不要以刮刀攪拌）。待出現薄煙後，將鍋子離火，搖動鍋子，利用餘溫製成焦糖。

8 加入奶油，以塑膠括刀將奶油與焦糖拌勻（圖C、D）（如果以餘溫加熱使得焦糖醬過焦，可以把鍋底稍微浸泡一下冷水）。

9 以銳利的小刀斜斜的插入步驟⑤的底部（圖E）。在表面沾上步驟⑧的焦糖醬，趁焦糖醬尚未乾時放上核桃裝飾。
＊當焦糖醬冷卻變硬，可以小火加熱軟化。奶油焦糖醬若是有剩，可它倒在入烘焙紙上，凝固後當作糖果也很棒喔！

材料※蛋奶素
（直徑6.5cm的迷你塔8個分）
甜塔皮＊ 180g
核桃奶油醬
┌ 無鹽奶油 50g
│ 核桃 50g
│ 糖粉 50g
│ 低筋麵粉 1大匙
│ 蛋 1個（去殼後約50g）
└ 萊姆酒 1大匙
奶油焦糖醬
┌ 白砂糖 60g
│ 水 少許
└ 無鹽奶油 20g
裝飾用的核桃 4個（對切）

＊加入杏仁粉的焦糖甜塔皮麵團是在P.12的材料中，將低筋麵粉改為170g，再加上50g的杏仁粉製作而成。

以鮮奶油代替奶油

松子焦糖塔

可以鮮奶油代替杏仁奶油餡中的奶油。加入鮮奶油可以讓奶油醬的口感比加入奶油更加清爽。在塔面上作點綴的是香脆的焦糖松子。

材料※蛋奶素
（直徑5.5cm的迷你塔模型約10個分）
甜塔皮（P.16）約220g
鮮奶油杏仁麵糊內餡
┌ 杏仁粉 50g
│ 糖粉 50g
│ 蛋 1個（去殼後重約50g）
│ 鮮奶油 50g
└ 檸檬皮屑 1/2個檸檬
焦糖松子
┌ 松子 50g
│ 糖漿
│ ┌ 水 50g
│ └ 白砂糖 50g
表面裝飾用
　杏仁果醬、糖粉 各適量

塔皮的事前準備

1 參照P.24，以壓模切割出直徑7cm的塔皮，鋪入塔模中。

製作焦糖松子

2 將抽取式烤盤鋪上烘焙紙備用。

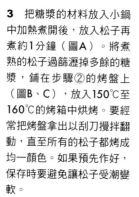

3 把糖漿的材料放入小鍋中加熱煮開後，放入松子再煮約1分鐘（圖A）。將煮熟的松子過篩瀝掉多餘的糖漿，鋪在步驟②的烤盤上（圖B、C），放入150℃至160℃的烤箱中烘烤。要經常把烤盤拿出以刮刀攪拌翻動，直至所有的松子都烤成均一顏色。如果預先作好，保存時要避免讓松子受潮變軟。

填入鮮奶油杏仁麵糊內餡至烘烤

4 製作鮮奶油杏仁麵糊內餡。把杏仁粉和糖粉在調理盆中混合拌勻後，加入蛋汁和鮮奶油再稍加攪拌，讓它變得柔滑後，再加入檸檬皮拌勻。

5 將步驟④填入步驟①中約八分滿（圖E），放入中溫（170℃至180℃）的烤箱中烘烤（15至20分鐘）

以松子裝飾後完成

6 等烘烤完畢後，在塔的表面上塗上一層薄薄的杏仁果醬（若果醬太硬，請先以微波爐加熱），把步驟③的焦糖松子沾黏在上面（圖F）。這樣其實就算是完成了，但是可以如圖一樣另外撒上一些糖粉，讓塔更顯美味。

什麼是麵糊內餡（Appaleil）？

在法語中在作料理或點心時，混合數種基底材料製作而成的內餡，稱之為麵糊內餡（Appaleil）。

材料※蛋奶素

（直徑6.5cm的迷你塔11個分）

千層塔皮

　把基本量的1/2的麵團擀成

　厚度約2mm的塔皮

杏仁麵糊內餡

┌杏仁粉 50g

│糖粉 50g

│蛋 2個（去殼後重約100g）

│檸檬皮屑 少許

│柳橙利口酒 2小匙

└無鹽融化奶油 40g

表面用的糖粉 適量

裝飾用的杏仁 11粒

塔皮的事前準備

1　參照P.25，以壓模切割出8cm的塔皮，鋪入塔模中。

填滿杏仁麵糊內餡至烘烤

2　把裝飾用的杏仁剝皮。以小鍋燒開熱水後熄火，將整顆帶皮的杏仁放入鍋內。放涼後杏仁皮即可輕易以手剝除。將剝皮後的杏仁瀝乾放涼備用。

3　製作鮮奶油杏仁麵糊內餡。把杏仁粉和糖粉在調理盆中混合拌勻後，加入蛋汁後稍加攪拌，再加入檸檬皮、柳橙利口酒後混合攪拌。最後加入融化的奶油，將所有材料拌勻。

撒上糖粉至烘烤

4　把步驟③的杏仁麵糊內餡倒入步驟①的塔中至九分滿，在上面撒上糖粉至完全蓋住麵糊為止。（圖A、B）

5　將邊緣的塔皮以手指頭填抹上糖粉（圖C）

6　在塔中間放入步驟②的杏仁1粒，送進中溫（170℃至180℃）的烤箱中烘烤（15至20分鐘）。

7　這個塔在脫模時容易碎裂，所以不要把塔倒過來脫模，請以刀子的尖端從塔底部將整個塔托起拿出。

鋪上雙倍蛋奶餡

米魯里多糖粉杏仁塔

米里魯多糖粉杏仁塔是非常受歡迎的點心塔之一，常見於法國的皮卡第和諾曼第，隨著地區不同，米魯里多糖粉多杏仁塔也會有所變化。本書中介紹的米魯里多糖粉杏仁塔除了填入了滿滿的杏仁奶油餡這點不變之外，因為特別加了兩倍量的蛋，口感會更加的輕盈蓬鬆。接著撒上滿滿的糖粉後，就可以送進烤箱了！以糖粉為塔頂，將中間烘烤得蓬鬆且美味。

杏仁奶油餡＋蘋果

法式蘋果塔

在法國，蘋果塔以填滿帶有酸味的蘋果，蓋上塔皮烘烤後，再把塔上下翻轉過來的泰坦反轉蘋果塔最為聞名。在這裡我們要作的是將乾煎過的蘋果加入滿滿的杏仁奶油餡的法式蘋果塔。盡可能請選擇紅玉蘋果，如果沒有，請選美國喬納金冠蘋果。

材料※蛋奶素
（直徑20cm的塔模1個分）
甜塔皮（P.16）約220g
基本款杏仁奶油餡（P.31）約200g
放在中間作為內餡的蘋果
┌ 紅玉蘋果（削皮去芯後）約300g
│ 無鹽奶油 20g
│ 白砂糖 30g
└ 蘋果白蘭地（或白蘭地）1大匙
裝飾在塔面上的蘋果
┌ 紅玉蘋果 2個
└ 無鹽醬油 適量
日本黃砂糖 適量
無鹽融化奶油 20g

塔皮的事前準備

1 參照P.20把塔皮放入塔模中，參照P.26預先烘烤塔皮。

填滿奶油內餡

2 參照P.31製作杏仁奶油餡。

3 準備要好放入內餡中間的蘋果。把蘋果削皮去芯後，切成厚度5cm的8等分。以平底鍋加熱奶油，放入蘋果後以大火乾煎，鎖住蘋果的水分。等蘋果變軟且上色後，加入白砂糖，等蘋果出現焦糖感，加入蘋果白蘭地，接著熄火，將蘋果放涼備用。

4 步驟③冷卻後，與杏仁奶油內餡攪拌混合，填進步驟1裡（圖A至C）。

5 將塔拿起在桌面上輕敲幾下，讓混合蘋果的杏仁奶油餡平坦在鋪在整個塔中。（圖D）

在塔面放上蘋果後烘烤

6 準備要裝飾在表面的蘋果。將蘋果切成4等分，削皮去芯，再把每一等分的蘋果切成5，片共40片，接著將平底鍋放入奶油加熱，放入蘋果乾煎至蘋果兩面皆上色。把乾煎後的蘋果整齊排列到步驟5，再撒上日本黃砂糖，淋上融化奶油。（圖E至G）

7 放入中溫（170℃至180℃）烤箱中烘烤（30分）。脫模的方法請參照P.30的說明。

加上蓋子
巧克力杏仁奶油塔

這個有著上蓋，表面看起來很像是一個大月餅的甜塔。因為這個塔有上蓋，所以吃起來充滿著法式餅乾沙布列的嚼勁，與烤得鬆軟的內餡形成絕妙的搭配。

也因為有了上蓋，所以塔皮不用預先烤過。如果要作的是沒有蓋子的版本，在填滿杏仁奶油餡之前，還是要預先把塔皮烤過。

這個有著上蓋的杏仁甜塔，中間填滿了加入巧克力醬的杏仁奶油餡，再加入核桃和松子。

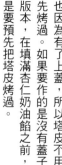

塔皮的事前準備

1 參照P.20，把塔皮麵團約220g鋪入塔模中，冷卻備用。

填滿奶油內餡

2 製作杏仁巧克力奶油餡。參照P.31製作杏仁奶油餡。再一口氣加入以40℃的熱水隔水加熱融化的巧克力醬拌勻（圖A）。再加入粗略切碎的核桃及松子攪拌（圖B）。

3 將步驟②倒入充分冷卻後的塔皮中央部分（不要沾到邊緣），以刮刀抹平。把裝有內餡的塔在桌上輕敲幾下，去除塔與內餡間的縫隙後，再把表面抹平（圖C）。

覆蓋上蓋塔皮後烘烤

4 將作為上蓋的甜塔皮麵團鋪放在裁剪開來的塑膠套上，以擀麵棍擀成比塔模大上一圈，厚度3mm（比塔皮底部薄）的圓形塔皮。

5 在步驟③的塔皮邊緣塗上黏著用的蛋白（圖D）。將步驟④連同塑膠套一起蓋到塔上。不要一口氣將整張塔皮完全蓋到塔面上，從側邊慢慢將空氣推開，讓塔皮與奶油內餡緊密接合在一起後，再讓塔皮與塔皮邊緣完全貼合（圖E）。

6 塔面邊緣部分以手指隔著塑膠袋按壓接合，將多出來的塔皮切掉後，拿下塑膠套。

7 在表面上刷上蛋汁，等蛋汁乾了之後，再刷一次。以叉子斜斜地刮出格子狀紋路後，再以叉子在表面上均勻戳洞。放入中溫（170℃至180℃）的烤箱中烘烤（35至40分）。

8 與P.30相同，烤完後，馬上在塔的底部墊上一個比較小但有高度的容器。放上去之後塔模邊緣就會自動脫落，等底板冷卻後再輕輕取出。

材料※蛋奶素
（直徑20cm的塔模1個分）
甜塔皮（P.12）約370g
杏仁奶油巧克力餡
- 無鹽奶油 50g
- 糖粉 50g
- 蛋 1個（去殼後重約50g）
- 杏仁粉（過篩）50g
- 萊姆酒 1大匙
- 製作點心用的甜苦黑巧克力（切塊）50g
- 核桃 50g
- 松子 30g
黏著用蛋白 少許
蛋汁 適量

塔皮的事前準備

1　將千層塔皮切割成10張20cm×7cm的長方形（圖A）。塔模同P.24塗上奶油，撒上麵粉備用。

內餡&成型至烘烤

2　參照P.31製作加入低筋麵粉的杏仁奶油餡，最後再加上檸檬汁、蘋果白蘭地。

3　蘋果削皮去芯後，切成3cm厚的12等分，將平底鍋加熱，放入奶油，奶油融化後放入蘋果，為了不讓水分流出，以大火乾煎。等蘋果變軟上色後加入砂糖，出現焦糖感後加入蘋果白蘭地，熄火。最後加上葡萄乾拌勻，放涼備用。

4　把步驟②的杏仁奶油餡裝入裝有直徑6cm圓形擠花嘴的擠花袋中，塔皮上下預留一點空間，在塔皮的其中一側擠出一條長條狀的奶油餡，把步驟③放到奶油上之後，在步驟③上面再擠出一條量較少的長條狀奶油（圖B、C）。

5　在塔皮的上下兩端以及邊緣的接著處塗上水以利連接，縱向的將內餡以塔皮包裹住後，將塔皮連接的部分緊密貼合（圖D）。讓接合的部分為內側，將包好內餡的塔皮扭轉一圈放入塔模內，尾端部分塞入中間成蝸牛殼狀（圖E至G）。

6　放入高溫（約200℃）烤箱中烘烤（約25分），烘烤至一半時，降低溫度至中溫（170℃至180℃）再繼續烘烤（25分鐘）。脫模後，在表面刷上杏仁果醬（若果醬太硬請先以微波爐加熱）。

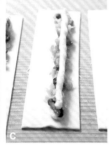

蝸牛蘋果塔

杏仁奶油餡＋核桃

在日本很少看得到這個塔，它因外型像蝸牛，這個鍋牛蘋果塔是我的老師──宮川敦子女士，照著她從瑞士買回來的1953年出版的舊書中所記載的食譜隨興而作的。一般認為是將奧地利的招牌點心蘋果奶酪薄餅改良而成的迷你甜塔。這個甜塔要使用千層塔皮才有辦法製作喔！

材料※蛋奶素
（直徑7.5cm的迷你塔模10個分）
千層塔皮（P.16）
　厚2mm、40cm×35cm的塔皮1張
杏仁奶油餡（加入低筋麵粉）
┌ 無鹽奶油 50g
│ 糖粉 50g
│ 低筋麵粉 10g
│ 蛋 1個（去殼後重約50g）
│ 杏仁粉 50g
│ 檸檬汁 1大匙
└ 蘋果白蘭地（或萊姆酒）1大匙
乾煎蘋果
┌ 紅玉蘋果 削皮去芯後重量300g
│ 無鹽奶油 25g
│ 蘋果白蘭地（或萊姆酒）1大匙
└ 萊姆酒漬葡萄乾 90g
表面裝飾用的杏仁果醬 適量

＊使用的杏仁奶油餡約為150g

卡士達醬 也是製作塔時不可或缺的奶油餡

在法文中被稱為Patissiere Crème（點心店的奶油）的卡士達醬，不僅可以單獨使用，也可以結合杏仁奶油餡、奶油醬、鮮奶油等餡料一起使用，是種可以讓你享受多種多樣變化的醬料。

因為製作簡單不費時，只要將它放入預先烘烤過的塔皮裡，很輕鬆就能製作完成。

接下來除了卡士達醬的製作方法之外，也將同時介紹利用卡士達醬作成的塔及迷你塔。

加入卡士達醬 卡士達水果塔

首先介紹，只要在塔底上填滿卡士達醬，接著在上面鋪滿水果後，就可以輕鬆完成的卡士達水果塔。以罐頭水果作成的水果塔和以新鮮草莓作成的水果塔，在作法上會略有不同。

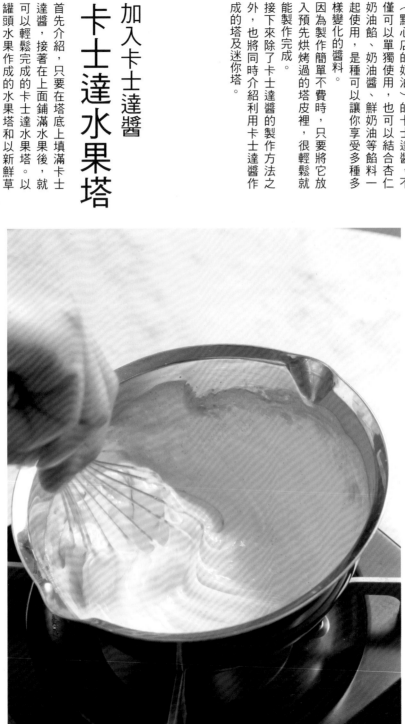

基本款卡士達醬作法→P.51

水果塔的作法→P.50

罐頭水果塔

如果是以罐頭水果作水果塔，要先將水果放置在卡士達醬上再進行烘烤。水果的水分就會被醬料所吸收，味道會更加濃郁。

材料※蛋奶素
（直徑7.5cm的迷你塔模10個分）
甜塔皮（P.12）約330g
卡士達醬（P.51）約300g
個人喜愛的利口酒 少量
個人喜愛的水果罐頭
（西洋梨、鳳梨、杏仁等）適量
杏仁果醬 適量

塔皮的事前準備

1 參照P.24，以菊花形壓模切割出直徑9cm的塔皮，鋪入塔模中。

填滿卡士達醬至放上水果後烘烤

2 請依照P.50製作好卡士達醬後，在最後完成前可自行加入喜愛口味的利口酒。

3 將水果罐頭中的水果倒在濾網上，把糖水瀝乾，接著再以餐紙巾將水果上的糖水全部去除。把單片有厚度的鳳梨切成較薄的兩片後，再分別把切薄的鳳梨切成容易擺飾的尺寸。洋梨和杏仁也切成容易擺飾的大小。

4 在步驟①1的塔底上刷上杏仁果醬（若果醬若太硬請以微波爐加熱），將卡士達醬裝入開口約1cm的圓形金屬擠花嘴的擠花袋中，像是要平鋪在塔底般，從外側把奶油呈螺旋狀的擠入塔底（圖A）。

5 擺飾上水果（圖B）後，放入中溫（170℃至180℃）的烤箱中烘烤（約20分鐘）。

6 不要讓水果散開來，請以餐巾紙稍微蓋在水果上，輕輕的把塔模倒過來後脫模，接著再刷上以微波爐加熱過的杏仁果醬後就完成了。

草莓水果塔

因為草莓可以生吃，所以在塔內先填進卡士達內餡烘烤，等冷卻後再擠入一些卡士達醬，擺上草莓後就完成了。

材料※非素
（直徑7cm的迷你塔模10個分）
甜塔皮（P.12）約330g
卡士達醬（P.51）約300g
草莓（小）一個塔約6至7顆
果膠
┌吉利丁 1小匙
│白酒 1大匙
│覆盆子果醬 60g（過篩後）
│熱水 20g
└個人喜愛口味的利口酒 1小匙

鋪上塔皮，填入卡士達醬後烘烤

1 請參照卡士達罐頭水果塔的步驟①和步驟④，把塔皮放入塔模中，在塔底刷上杏仁果醬，填入卡士達醬後，放入中溫（170℃至180℃）的烤箱中烘烤（15至18分鐘）。脫模後放置冷卻備用。

擺上草莓&刷上果膠

2 草莓不水洗，以毛刷將外層的細毛及種子刷掉。

3 製作果膠。吉利丁以白酒事先蒸煮過備用。將覆盆子果醬以網子過篩後，除掉種子，此時覆盆子果醬的重量需控制在60g。將開水、利口酒以微波爐加熱後與吉利丁混合。

4 在冷卻的步驟①上在鋪上薄薄一層卡士達醬（圖A）。接著把步驟②的草莓去蒂，排列在塔上。將塔放入冰箱冷藏，充分冷卻。

5 在步驟④的草莓上，以毛刷刷上果膠（圖B）。

怎樣才能把果膠刷得漂亮？

如果草莓已經充分冷卻，果膠就不會流動，可以很漂亮地刷到草莓上。要是果膠呈現水狀，可以以冰水稍微冷卻，若太硬就可以隔水加熱。

基本款卡士達醬

在製作卡士達醬中最重要的就是要把醬料煮至滑順，呈現完全沒有麵粉顆粒的狀態。因此蛋黃要在麵粉煮到完全沒有任何的粉狀顆粒後再加入。且卡士達醬與杏仁奶油餡不同，卡士達醬無法長期保存，必須要在作好的當天就使用完畢。

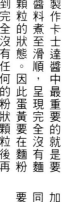
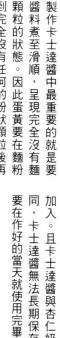

1 在調理盆裡放入砂糖和麵粉拌勻。

3 以網子過篩後放入另一個調理盆中。

4 將步驟③以中火加熱，注意不要讓鍋底燒焦，要以打蛋器不斷地攪拌。

5 煮到醬料出現光澤，也沒有任何的麵粉顆粒後，暫時熄火。

6 把所有的蛋黃一次全部加入後，以打蛋器快速地攪拌。

7 再馬上加熱30至40秒。

8 依據使用目的不同，可加入喜愛口味的利口酒或奶油，再蓋上保鮮膜待其冷卻。使用時要將醬料攪拌柔滑後再使用。

砂糖＋麵粉＋牛奶
煮至沒有粉粉顆粒狀後
加入蛋黃喔！

2 把預先放涼備用的牛奶倒進鍋子裡，以打蛋器拌勻。

材料※蛋奶素
（作成後約300g）
牛奶 200g
香草莢 1/4根
砂糖 50g
高筋麵粉 25g
蛋黃 3個
無鹽奶油、利口酒等適量

事前準備

・不要戳破蛋黃，將蛋黃放進沾了水的容器中（因為蛋黃容易黏附在乾的容器上面）。

・從香草莢中刮出種子後，和香草豆莢一起加入牛奶，以小火將牛奶煮沸後放涼至50℃左右備用。

如何使用香草莢？

把香草莢以刀子縱切後將中間的種子取出。但不僅種子，豆莢本身也有香味，所以在這個卡士達醬的食譜中我們同時使用了種子及豆莢。

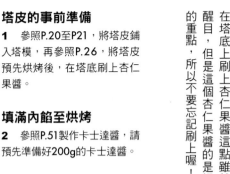

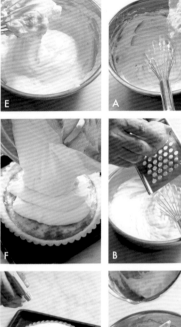

卡士達醬＋奶油起司
舒芙蕾起司蛋糕塔

以下要介紹的是，奶油起司加上卡士達醬搭配舒芙蕾的起司蛋糕塔。這個起司蛋糕塔可說是我的點心教室裡最長壽的人氣塔。

在塔底上刷上杏仁果醬這點雖然不醒目，但是這個杏仁果醬的是提味的重點，所以不要忘記刷上喔！

材料 ※蛋奶素
（直徑20cm的塔模1個分）
甜塔皮（P.12）約220g
卡士達起司麵糊內餡
- 奶油起司 170g
- 卡士達醬（P.51）200g
- 檸檬皮屑 1/2個分
- 檸檬汁 2小匙

蛋白霜
- 蛋白 45g
- 糖粉 2小匙

杏仁果醬 40g

塔皮的事前準備

1 參照P.20至P21，將塔皮鋪入塔模，再參照P.26，將塔皮預先烘烤後，在塔底刷上杏仁果醬。

填滿內餡至烘烤

2 參照P.51製作卡士達醬，請預先準備好200g的卡士達醬。

3 將奶油起司放入耐熱的容器內，以微波爐加熱至稍微溫熱的狀態。接著把軟化的奶油起司移到調理盆內，以打蛋器拌勻。

4 將步驟②的卡士達醬以打蛋器再度攪拌後，把步驟③慢慢地加入然後攪拌均勻。再把檸檬皮屑和檸檬汁加入後拌勻（圖A、B）。

5 參照P.61，以其他鍋子將蛋白和糖粉作成紮實的蛋白霜。首先把1/3量的蛋白霜加入步驟④中，以打蛋器攪拌均勻（圖C、D）。接著把剩下的蛋白霜全部加入，但這一次盡量不要破壞蛋白霜的泡沫，將蛋白霜和卡士達醬混合拌勻（圖E）。

6 把步驟①放入烤盤，把步驟⑤倒進步驟①中，小心不要沾到塔皮邊緣（圖F）。再以塑膠抹刀將內餡抹平。

7 在塔的表面上以噴槍噴上水霧（圖G）後，放進中溫（170℃至180℃）的烤箱中烘烤（約25分鐘）。烘烤完成後因為蛋白霜的功效，起司蛋糕塔內部不會鬆鬆垮垮的，而會漂亮的膨脹成形（圖H）。脫模的方法請參照P.30。

＊在塔開始膨脹成型時，因為塔皮和麵糊內餡黏在一起，而無法很平均的膨脹時，在烘烤途中可以刀子把塔皮和麵糊內餡稍微加以切離，如此一來內餡就可以很平均的膨脹成型了。

🔹加入蛋白霜時要注意什麼？

加入蛋白霜時，為了不要破壞泡沫，大家通常都會小心翼翼地攪動蛋白霜。其實可以把蛋白霜分成兩次加入，第一次可以少量加入，即便把蛋白霜和卡士達醬用力拌勻也無所謂，但是第二次加入剩下的蛋白霜時，就要注意攪拌時要以從底部往上撈的方式，讓所有的醬料混合拌勻。

卡士達義式長形塔

這是一個被稱為「外婆的點心」的義大利家庭點心。一般作成圓形，但在這裡我試著不用塔模，把這個塔直接作成長方形。內餡是以卡士達醬為主體，混合了葡萄乾和杏仁乾。以甜塔皮包裹住卡士達醬，可以嘗到酥酥脆脆如法式小酥餅般的口感，就如同前面所說的，這個名為外婆的點心的甜塔，能帶給人厚實又溫柔的味覺享受。

材料※蛋奶素
（8×24cm的長方型塔1個分）
甜塔皮（P.12）約300g
卡士達醬（P.51）150g
萊姆酒漬葡萄乾 30g
糖漿杏仁
　┌杏仁乾（切成5mm小塊狀）30g
　│白砂糖 15g
　└水 少許
黏著用蛋白 適量
表面裝飾用糖粉 適量

準備內餡

1 製作糖漿杏仁。將杏仁乾、白砂糖及水加入小鍋中稍微悶煮。

2 參照P.51製作卡士達醬。完成後取出其中150g，和步驟①的杏仁乾及葡萄乾混合（圖A）。

包住內餡至烘烤

3 把170g的甜塔皮麵團以塑膠套包住，擀開成8cm×24cm的底部塔皮一片（圖B）。再把塔皮放在烘焙紙上，以叉子均勻戳洞。

4 在底部塔皮周圍預留2cm，接著以沒有裝金屬擠花嘴的擠花袋，把步驟②的卡士達醬在底部塔皮上擠出縱向的兩長條（圖C）。

5 在底部塔皮周圍預留的2cm左右的塔皮上輕輕刷上黏著用蛋白。

6 以塑膠套包住剩下的甜塔皮麵團（約130g），同步驟③，把麵團擀開成一片上塔皮。把上塔皮連同塑膠套一起蓋到塔上。請從側邊按壓，讓塔皮與奶油內餡緊密接合在一起後，再讓上塔皮與底部塔皮邊緣完全貼合（圖D、E）。

7 周圍以刀子切整後，以手指頭按壓出塔緣的花樣（圖F）。接著在表面上以叉子在各個地方戳出小洞（圖G）後，放進中溫（170℃至180℃）烤箱中烘烤（約25分鐘）（圖H），冷卻後再撒上裝飾用的糖粉。

＊塔緣花樣是以左手的拇指和右手的食指從塔皮外側側邊開始按壓，作出圓弧狀，同時以右手的食指在中央的位子從上往下按壓，不斷的重複這樣的動作，就可以作出圖中的塔緣花樣。

法式西洋梨巧克力蛋塔

鋪滿法蘭蛋塔內餡

在介紹完卡士達奶油醬後，接著要介紹的是法式風味的法蘭蛋塔。

說到蛋塔，就讓我想起年輕時在法國經常吃的「法式奶油蛋塔」。就像卡士達奶油布丁一樣，法式奶油蛋塔也是一個便宜，卻能讓心和肚子同時滿足的美味點心。

法蘭蛋塔本來是一種薄圓形塔的稱呼，但是以蛋、牛奶、鮮奶油作成的麵糊內餡（法蘭蛋塔式），也被稱為法蘭蛋塔麵糊。這個麵糊有甜味也有鹹味，如果在甜的法蘭蛋塔麵糊裡加入砂糖，就會變成卡士達奶油布丁。加入麵粉就會變成類似卡士達奶油醬的醬料。在此我要介紹的是，法蘭式麵糊加入巧克力所作出的濃厚綿密口感，再搭配上與巧克力醬很對味的西洋梨作成的甜塔。根據季節不同，換成新鮮西洋梨或美國櫻桃來作也可以喔！

塔皮的事前準備

1 參照P.22，將塔皮鋪入塔模，並參照P.26預先烘烤塔皮。

2 在預先烘烤過的塔底內側趁熱刷上一層薄薄蛋白，再放入烤箱中把蛋白烤乾。

填滿法蘭蛋塔式麵糊內餡&洋梨至烘烤

3 將瀝乾的罐頭西洋梨果肉切成半月片狀後，呈放射狀的鋪排在步驟②裡。

4 請準備兩個調理盆，一個放入混勻的白砂糖和低筋麵粉，加入蛋汁後拌勻。另一個裝入巧克力備用。

5 在小鍋中放入B，以微弱的中火燉煮後。分兩次加入步驟④的兩個盆中拌勻（圖A、B）。如果巧克力沒有全部融化，就隔水加熱讓剩下的融化。接著再把兩個調理盆的材料混合拌勻（圖C），以濾網過篩後（圖D）再把酒加進去。

6 把步驟③倒入步驟⑤中（圖E），接著放入中溫（170℃至180℃）的烤箱中烘烤（約25分）。烘烤完成後，參照P.30的方法脫模（圖F），等塔的溫度稍微降低後，撒上糖粉裝飾就大功告成了。

材料※蛋奶素
（直徑20cm的塔模1個分）
鹹塔皮（P.14）約220g
刷在內側的蛋白 適量
西洋梨（約425g的罐頭）2/3量
法蘭蛋塔式麵糊內餡

A
┌ 白砂糖 50g
│ 低筋麵粉 15g
└ 蛋 1個

B
┌ 鮮奶油 100g
│ 牛奶 50g
└ 香草莢＊ 1/4根

甜苦黑巧克力（一片片或切好塊的）80g
洋梨酒（或萊姆酒）1大匙
裝飾用的糖粉 適量

＊香草莢與刮出的種子一起使用。

57

蛋白霜
也可以當作塔餡

從最近在日本大受歡迎的馬卡龍開始，法國人其實非常喜歡以蛋白霜製作的點心，因此也經常使用蛋白霜作為甜塔的內餡。蛋白霜與奶油不同的是，蛋白霜有著比奶油更清爽的口感，請務必試著動手作看看。在作蛋白霜點心時，最重要的就是要作出擁有濃稠綿密泡沫感的蛋白霜。接下來將為您介紹製作蛋白霜的重要訣竅。

蛋白霜的製作方法→P.61

瑪德蓮蛋白霜藍莓塔

混合蛋白霜與藍莓果醬

這是一種被稱作為「薄絲蛋糕」的甜塔。蛋白霜搭配上藍莓醬，鋪放在以麵粉、杏仁粉及糖粉所製作出來的日式麵團塔皮上，最後以切碎的覆盆子乾及糖粉作為裝飾，只灑上糖粉也可以。不僅色澤美觀，也如其名一般有著清爽高級的口感。

瑪德蓮蛋白霜藍莓塔的作法→P.60

塔皮的事前準備

1 參照P.22，將塔皮鋪入塔模中。

2 參照P.26，將塔皮預先烘烤後在塔底塗上覆盆子果醬。

填滿蛋白霜藍莓麵糊內餡至烘烤

3 將B的材料混合後過篩（圖A）。

4 參照P.61以A作出紮實的蛋白霜。

5 把覆盆子果醬加入步驟④中拌勻（圖B、C），接著把步驟③分兩次加入拌勻。

6 把步驟⑤全部放進步驟②中，以刀子把餡料推抹得稍微高出塔緣一些（圖E、F）。如果有旋轉台，放在台上會更方便作業。

7 糖粉以濾網過篩後撒在塔面上。稍微等一下，等到糖粉溶解後，再撒上一次（圖G）。接著放入中溫（170℃至180℃）的烤箱中烘烤（約20至25分）。烘烤完成後，參照P.30的方法脫模。

8 將冷凍覆盆子乾（事先壓碎）和糖粉混合，依個人喜好作成粉紅色的糖粉，等到充分冷卻後撒上步驟⑦（圖H）。只撒上糖粉也可以。

材料※蛋奶素
（直徑20cm的塔模1個分）
鹹塔皮（P.14）約220g
自家製覆盆子果醬* 約50g
蛋白霜藍莓麵糊內餡
A ┌ 蛋白 80g
　└ 白砂糖 40g
覆盆子果醬（冷凍）* 40g
B ┌ 杏仁粉（過篩）80g
　│ 糖粉 60g
　└ 低筋麵粉 10g
糖粉 適量
裝飾用糖粉、
冷凍覆盆子乾 各適量

＊覆盆子果醬是將冷凍覆盆子加入70%至80%的砂糖後燉煮而成。
＊如果是顆粒狀的冷凍覆盆子，必須要先以濾網過篩後至約40g。

瑪德蓮蛋白霜藍莓塔

什麼是「日式麵團（Japone）」？

Japone這個字是從法文的「日本的」而來。至於由來已經不可考了，蛋白霜加上杏仁粉等堅果粉末混合澱粉後作出的麵團，就稱為日式麵團。在日本廣為人知的橢圓形法式點心達克瓦茲，也是以蛋白霜加上堅果粉所製成的。
在蛋白霜中加入堅果類粉末，烘烤後會產生很棒的香氣，是這種麵團最大的特徵。

蛋白霜的製作方法

將蛋白和砂糖混合打發成霜狀就是蛋白霜。因為砂糖可以緊緊地裹住蛋白的水分，讓蛋白可以打出奶油霜狀的泡沫，是製作蛋白霜的重點材料。但如果加砂糖的方式錯誤，也會成為蛋白打失敗的原因。依據要作的點心調配蛋白霜的蛋白和砂糖的比例，這樣的作法其實是不對的。

砂糖的添加方法會依照比例的不同而改變，相對於蛋白的量，砂糖量如果只占蛋白量的20%左右，那一次把砂糖全部加入打發也沒關係。但是，如果砂糖的比例增加到40%左右，卻沒有把砂糖分次加入蛋白裡，即便是以電動攪拌器來打發，也沒辦法成功地作出蛋白霜。

在製作蛋白霜的過程中，最重要的是將砂糖分次加進蛋白的時間點。不僅是把砂糖分批加入蛋白就好，必須要確認蛋白是否有徹底打發，再把砂糖加入。推薦以較有力的電動攪拌機來製作蛋白霜。

蛋白霜的材料 ※蛋素
（製作瑪德蓮蛋白霜藍莓塔的情況）
蛋白 80g
砂糖（白砂糖）40g
＊使用砂糖或糖粉都可以。

在蛋白霜的泡沫變得扎實硬挺後再放入砂糖

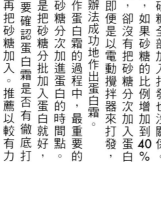

1 以電動攪拌機的低速將蛋白全體打發至有白色的大氣泡出現，加入1/4至1/3量的砂糖。

3 停止攪拌，確認蛋白的狀態。如圖，泡沫已經可以在打蛋器上呈現堅固的三角狀時，就可再放入砂糖了。

5 加入砂糖後泡沫會軟化（表面會往下塌陷），但是再繼續以高速打發，泡沫又會再度恢復扎實挺立的狀態。

2 把電動攪拌機轉至高速，然後同時移動攪拌器和調理盆，把盆內的材料快速地打發起泡。

4 確認蛋白已經充分打發後，再加入砂糖，繼續以攪拌器高速打發起泡。

6 同樣反覆地打發起泡後，就會作出扎實的蛋白霜了。

格雷特柳橙薄餅塔

柳橙風味的蛋白霜

不用塔模也可以作出塔喔！首先將塔皮擀平，將塔皮的邊緣加高，作成格雷特薄餅的圓形樣式，填入柳橙風味的日式麵團，烘烤後就可完成。這個塔整體非常綿密蓬鬆，輕盈的口感加上柳橙的香味，再搭配上塗在塔底的夏橘醬的淡淡

苦味，呈現酸甜清爽的特殊滋味。因為內餡微甜，所以搭配的是鹹塔皮，但是要以甜塔皮作為塔底也沒問題。在這邊作出來的是直徑24cm，稍大的圓形薄餅，但是可依照自己的喜好作出適合的大小。

塔皮的事前準備

1 麵團以塑膠套包著，擀成直徑22至23cm的圓形塔皮，在塔皮下方鋪上烘焙紙，以直徑22cm的圓形塔模將塔皮切割成型（圖A）。也可參照P.86，以鍋蓋來切割塔皮。

2 把剩下的麵團揉成足以圍著圓形塔皮圈的長條狀，將長條狀麵團放到塔皮邊緣，以手指按壓讓它們密合（圖B、C）。

3 若作成直徑24cm，須以手掌按壓讓塔皮延展開來（圖D）。
＊若有直徑24cm的壓模，就直接以它來切割塔皮，這樣就不需要再以手掌去按壓讓塔皮延伸。

4 從塔皮邊緣的外側，以左手的拇指和食指按捏，同時以右手的食指從內側按壓作出塔的邊緣（圖E），最後以叉子在塔底均勻戳洞。

5 放到烤板上後，在陰涼處讓塔皮休息約30分鐘左右，不包鋁箔紙，直接放入約190℃的烤箱中預先烘烤（約15分），烤完後在塔底塗上橘子醬（圖F）。

填入柳橙麵糊內餡烘烤

6 將B材料混合後過篩備用。

7 參照P.61，以A製作出紮實的蛋白霜，加入柳橙皮屑，再把步驟⑥分兩次加入拌勻（圖G、H）。

8 把步驟⑦全部加到步驟⑤上，以刀子將內餡塗抹得比塔緣略高（圖I、J）。將糖粉以濾網過篩後撒上，等糖粉完全融化後，再撒一次。若有旋轉台會更方便作業。

9 把柳橙皮切成八個菱形狀後，將切好的柳橙皮壓入奶油中，排列好之後再放入中溫（180℃）的烤箱中烘烤（約20分）。

材料※蛋奶素
（直徑24cm的圓形薄餅1個分）
鹹塔皮（P.14）約230g
夏橘醬＊ 80g
柳橙麵糊內餡
A ┌ 蛋白 80g
  └ 白砂糖 30g
柳橙皮屑（過篩）80g
B ┌ 杏仁粉（過篩）80g
  └ 糖粉 50g
表面裝飾用糖粉 適量
裝飾用柳橙皮 適量
＊如果是買市販的橘子醬，請選擇稍微帶有苦味的。

❋ 不包裹鋁箔紙的預先烘烤？

像這個薄餅塔一樣，如果不是很厚實的塔，就不需要覆蓋鋁箔紙，直接預先烘烤即可。

異國風熱帶水果塔

蛋白霜＋南國風味

這是一個在蛋白霜中加入萊姆、百香果及芒果作為內餡，再撒上杏仁粉烘烤的南國風味甜塔。若以手拿起，你或許會驚訝於塔的重量居然是如此的輕盈，但整個塔卻散發出濃厚的南國風味。基底麵團使用的是鹹塔皮。將萊姆改成檸檬即可。

塔皮的事前準備

1 參照P.25，以菊花形壓模切割出直徑7cm的塔皮，鋪入塔模中。

填入熱帶水果麵糊內餡至烘烤

2 請準備好放入內餡中的南國風味的材料（圖A）。

3 參照P.61以A作出紮實的蛋白霜。

4 在步驟③裡面加入白砂糖30g混合攪拌。

5 在步驟④中加入B混合，再將C全部加入後拌勻（圖B）。拌勻後的材料放入擠花袋中（不加金屬擠花嘴），將材料滿滿的擠入步驟①中（圖C、D）

6 在塔面上撒上椰子粉後再撒上糖粉（圖E、F）放入中溫（170℃至180℃）烤箱中烘烤（約20分）。

材料※蛋奶素
（直徑5.5cm的迷你塔模9個分）
鹹塔皮（P.14）約230g
熱帶水果麵糊內餡
A[蛋白 30g
　 白砂糖 30g]
白砂糖 30g
B[萊姆果汁 2小匙
　 百香果果汁 1大匙]
C[萊姆皮屑 1/2個
　 杏仁乾 芒果乾
　（切碎成3mm塊狀）合計50g
　 杏仁果粒 25g]
表面裝飾用的椰子粉糖霜 各適量

以費南雪蛋糕為基底

費南雪蛋糕堅果塔

塔的內餡不只是奶油，也可以將奶油蛋糕的麵糊放入塔中作為內餡。在此要介紹的就是要填入大家熟悉的費南雪蛋糕當作內餡的塔。這個塔可以讓你嘗到滿滿杏仁粉配上焦苦奶油的風味，以及美味蛋糕內餡加上塔皮的豐富口感。因為這個塔的製作上沒有任何會出水的食材，所以烘烤完成後，即便過了幾天仍相當美味。

塔皮的事前準備

1 參照P.24，以直徑8cm的菊花形壓模切割塔皮，鋪入塔模中。

填滿費南雪蛋糕麵團至烘烤

2 擺放在塔面上的堅果類中的杏仁果和榛果要先放入150℃烤箱中稍加烘烤。若是有比較大的堅果要先切成小塊。

3 將B的材料混合後過篩。

4 製作焦苦奶油。在小鍋中放入奶油，以中火加熱到奶油融化起泡。從泡沫消掉的地方出現焦黃色後，再繼續加熱等到出現薄煙，奶油變成褐色（圖A、B）。與P.37製作焦糖一樣，等到奶油差不多變成深褐色時離火，以餘溫加熱奶油至焦熟。若是擔心奶油煮太焦，可以在奶油煮得差不多時，讓鍋底浸泡冷水（圖C）。

5 參照P.61以A作出紮實的蛋白霜。分2次將蛋白霜加入焦苦奶油中拌勻後，加入萊姆酒。

6 將步驟④的焦苦奶油一邊以細孔的濾網過篩至調理盆中拌勻（圖D）。再將作好的材料放入裝有金屬擠花嘴的擠花袋中擠入步驟①，在上面撒上堅果（圖E）。最後放入中溫（170℃至180℃）烤箱中烘烤（15至20分鐘）。

＊如果用來過濾焦苦奶油的濾網孔太大，可以將餐紙巾鋪在濾網中。

材料※蛋奶素
（直徑6.5cm的迷你塔10個分）
甜塔皮（P.16）約220g
費南雪蛋糕麵糊內餡
A ┌ 蛋白 50g
　└ 白砂糖 25g
B ┌ 杏仁粉（過篩後）50g
　│ 糖粉 15g
　└ 低筋麵粉 15g
萊姆酒 1大匙
無鹽奶油 50g
堅果（杏仁果、榛果、核桃、松子……）約50g

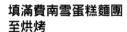

以乾燒來製作基底塔皮的迷你塔

填滿焦糖

焦糖核桃塔

在瑞士的恩加丁地區有著眾所皆知的知名招牌點心「焦糖核桃塔」。以甜塔皮為基底，放入滿滿的核桃和焦糖內餡後，覆蓋上蓋所烤出的甜塔，但是在這裡我們要介紹的是簡單版的焦糖核桃塔。雖然是簡單版，但味道及口感完全不輸給正版的焦糖核桃塔。在這裡塔底需要將生塔皮先乾烤成熟塔皮後再進行製作。

塔皮的事前準備至乾烤

1　參照P.24，以直徑8cm的菊花形壓模切割塔皮，鋪入塔模中。

2　放入中溫（170℃至180℃）的烤箱內烘烤（約15分鐘）。烘烤中如果塔底中間有凸起狀況時，請快速地戴著棉布手套以手指稍作按壓（圖A）。再放回烤箱中烘烤。

填滿核桃和焦糖

3　把核桃放入低溫（約150℃）烤箱中，再將變得容易剝落的外皮以尖銳的刀子等剝離（圖C），放進步驟②的塔皮裡。

4　製作焦糖。準備裝有冷水的容器以及溫度計。把A放入小型的單柄鍋中（圖D）。以小火加熱至奶油融化後，再轉至中火，注意不要讓底部燒焦，以矽膠抹刀攪拌煮至150℃至155℃（圖E）。同時將牛奶加熱備用。

5　加熱至150℃至155℃後將鍋子離火，鍋底稍微浸一下冷水阻止溫度繼續爬升。接著馬上加入熱牛奶（圖F），然後再度加熱。

6　等到牛奶和焦糖差不多分離後，慢慢的攪拌鍋底煮至均勻。此時溫度也會從120℃以下慢慢上升（圖G），等到達125℃後，把鍋子離火，將鍋底稍微浸一下冷水。因為餘熱會使溫度繼續上升（為了防止焦糖變得太硬）。

7　將焦糖倒在步驟③的核桃上面（圖H），途中如果焦糖變硬難以倒出，就再以小火加熱。

材料※蛋奶素
（直徑6.5cm的迷你塔模10個分）
甜塔皮（P.12）　約220g
核桃 80g
焦糖

A
┌ 麥芽糖 60g
│ 細砂糖 90g
│ 無鹽奶油 30g
│ 鮮奶油 50g
└ 香草莢* 1/4根

牛奶 50g

＊豆草夾與刮出的種子一起使用。
＊準備可以量測到200℃的溫度計、矽膠抹刀。
＊煮焦糖的鍋子，建議以像是單柄牛奶鍋一樣，有小開口的小型單柄鍋為佳。

68

甘那許巧克力塔

填滿甘那許巧克力

在這裡要介紹以巧克力作成且非常簡單的甜塔。將以鮮奶油和巧克力作成的甘那許巧克力醬放入塔皮內，再加以烘烤就可以完成。最後只需在塔上裝飾與巧克力非常對味的果仁糖即可。

材料※蛋奶素

（6.5cm的迷你塔模8個分）
甜塔皮（P.12）約180g
甘那許巧克力醬
- 鮮奶油 50g
- 製作點心用的苦甜黑巧克力
- （切塊）* 100g
- 個人喜愛的利口酒 2小匙
果仁糖
- 杏仁片 30g
- 白砂糖 40g
- 水 少許

＊使用的是不需要切塊的巧克力片。

塔皮的事前準備至烘烤

1 參照P.24，以壓模切割出直徑8cm的塔皮，鋪入塔模中。

2 參照P.68的順序②，將塔皮乾燒後放涼備用（圖A）。

填滿甘那許巧克力醬
製作完成

3 製作甘那許巧克力醬。在小型的鋁鍋（附把手的）裡放入鮮奶油加熱，以打蛋器不斷攪拌避免煮焦（圖B）。

4 離火後將巧克力一次加入。巧克力會完全被鮮奶油覆蓋（圖C）。等到熱度傳達至鍋內後再以打蛋器慢慢的攪拌至巧克力融化，最後加入喜愛口味的利口酒（圖D、E）。

5 在充分冷卻的步驟②裡以湯匙填入步驟④的甘那許巧克力醬。小心不要讓巧克力沾到塔緣（圖F）。再將備用的果仁糖切成適當的大小擺上。如果甘那許巧克力醬放涼後沒有流動性，可以隔水加熱的方式稍微加熱。

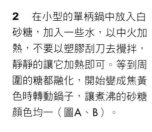

●果仁糖的製作方法

1 將杏仁果片放入較高的低溫（約150℃）烤箱中稍作烘烤。

2 在小型的單柄鍋中放入白砂糖，加入一些水，以中火加熱，不要以塑膠刮刀去攪拌，靜靜的讓它加熱即可。等到周圍的糖都融化，開始變成焦黃色時轉動鍋子，讓煮沸的砂糖顏色均一（圖A、B）。

3 在砂糖煮沸的差不多後，將鍋子熄火，以餘熱繼續加溫砂糖至完全變成焦糖色。把步驟1的杏仁果片全部加入鍋中後（圖C），再次加熱讓焦糖和杏仁果片可以充分的混合在一起。放到含氟素樹脂加工的烤盤上或是烘焙紙上，以手快速的把他們攤開（圖D）。冷卻後再把它們切成適當的大小。

這也是塔！

以馬卡龍為塔皮

草莓馬卡龍塔

甜塔部分的最後，我們要介紹的是不以塔的基本麵團作成的甜塔。把以蛋白霜作成的馬卡龍作成塔型後，烘烤出塔底。在塔底上放上以滿滿的卡士達醬作的巴伐露斯，再擺上如小山的草莓，就是一個外表極盡華麗的甜塔。

4 將步驟③裝入裝有1.5cm金屬擠花嘴的擠花袋中，以手轉動烤盤，讓蛋白霜沿著烤模擠出一圈像小圓球一樣的蛋白霜泡（圖A）。最後請讓烤盤轉動至靠近操作者的手邊，作收尾的動作（圖B）。最後在塔底上，由外側呈漩渦狀的將蛋白霜擠入，讓蛋白霜鋪滿整個塔底。

5 雖然要在塔上撒上兩次糖粉，但是請先撒完第一次糖粉，等糖粉都融化後，再撒上第二次。

6 放入較高的低溫（約150℃）的烤箱中烘烤（約30分），烘烤完成後，將塔放置冷卻。

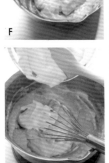

7 等放涼後，將塔模立起來，再以像圖中的細的刀子緊緊插入塔模與馬卡龍塔底之間，接著刀子不動，慢慢轉動塔模，將馬卡龍塔底脫模拿出。

8 製作利口酒糖漿。混合C加熱煮至融化後，再加入冷的利口酒，然後塗在步驟⑦上。

組合

9 不清洗草莓，只直接以毛刷將草莓的細毛和種子刷掉後全部去蒂，縱向切成兩半。

10 製作馬卡龍麵糊內餡。將D的吉利丁以白酒稍微蒸煮過後備用。參照P.51，以E製作卡士達醬。趁奶油醬還溫熱時，把蒸煮過的D加入卡士達醬中（圖F），再加上喜愛口味的利口酒。調理盆的底部稍微浸泡一下冰水，隔水降溫期間，也要不時地攪拌，讓所有材料均勻混合。

11 把打發起泡的鮮奶油加到步驟⑩中拌勻（圖G）。將這個內餡填滿到步驟⑧上，且填至中間呈圓弧形突起（圖H）。

12 將草莓依序擺上（圖I），再放回冰箱充分冷卻。

13 請參照P.50，準備果膠，在步驟⑫ 的草莓上塗上果膠（圖J），預留下來的草莓上也塗上果膠，然後把蒂頭朝上，放在最上面。

材料 ※非素
（直徑18cm・高3cm的圓形烤模1個分）
馬卡龍塔皮

A ┌ 蛋白 80g
　└ 白砂糖 35g

B ┌ 杏仁粉（過篩）45g
　│ 糖粉 40g
　└ 低筋麵粉 10g

表面裝飾用糖粉 適量
加入利口酒的糖漿

C ┌ 白砂糖 40g
　└ 水 80g

個人喜愛口味的利口酒 1大匙
馬卡龍麵糊內餡

D ┌ 吉利丁 1/2小匙
　│ 白酒（或水）1/2大匙
　└ 牛奶 100g

E ┌ 香草莢* 1/4根
　│ 白砂糖 30g
　│ 低筋麵粉 10g
　└ 蛋黃 2個

個人喜愛口味的利口酒 少許
鮮奶油 70g
草莓（中）約200g
果膠 請參照P.50草莓迷你塔

*香草莢與刮出的種子一起使用。

烘烤馬卡龍塔皮

1 在烤盤裡鋪上烘焙紙，放上圓形塔模（為了預防烘烤時回縮，不要在塔模上塗奶油）。

2 將B混合後過篩。

3 參照P.61，以A作出扎實的蛋白霜。將步驟②分兩次加入，混合攪拌均勻。

也有鹹味塔！

法式鹹派風
洛林馬鈴薯
鹹塔

鹹味塔的代表應該就是大家熟知的法式鹹派。法文中的 Quiche，是法國阿爾薩斯、洛林等地的方言中的「塔」的意思。原本除了鹹味之外，好像也有甜味的塔，但是現在以蛋加上奶油和培根所作的「洛林風法式鹹塔」最為知名。作鹹塔時使用的麵團多為千層塔皮或鹹塔皮。

在此要介紹的是以挪威的名產「焗烤鰻魚馬鈴薯」為基礎，所作出的鹹味鰻魚馬鈴薯塔，鰻魚和馬鈴薯可是絕配美味喔！

塔皮的事前準備

1 參照P.24，將塔皮鋪入塔模中後讓塔皮休息。再參照P.26預先烘烤塔皮。

2 把A的蛋打散，一部分薄薄地塗在步驟①的底部，再把塔放回烤箱烘乾（圖A）。

填滿鹹派麵糊內餡和材料至烘烤

3 馬鈴薯削皮水煮後，切成約7mm厚的片狀。

4 把步驟②2剩下的蛋和A材料混合後加入B，作出鹹派麵糊內餡。

5 在步驟②的底部擺上1/3量的起司，將步驟④的鹹派麵糊內餡倒入（圖B）。接著把切片的馬鈴薯平鋪在麵糊上，再擺入起司、麵糊內餡、馬鈴薯（圖C、D）。再把剩下的鹹派麵糊放入，最後撒上起司，放入中溫（170℃至180℃）的烤箱中烘烤（約25分鐘）。等塔烤至上色，或塔的中間部分膨脹起來時，就是塔熟透的證據。烘烤完成後脫模放在網上（圖E）。脫模的方法請參照P.30。

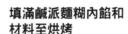

材料※非素
（直徑20cm的塔模1個分）
千層塔皮（P.16）
擀成厚度約2mm、直徑25cm的塔皮
馬鈴薯（五月皇后品種）350g
瑞士葛瑞爾乾酪起司（切絲）50g

法式鹹派麵糊

A
- 蛋 2個
- 鹽 1/2小匙
- 胡椒 少許
- 牛奶 100g
- 鮮奶油 100g

B
- 鰻魚（切碎）4至5片
- 洋香菜（切碎）2根

為什麼要塗上蛋汁？
像作鹹派這種內餡水分很多的塔，為了不要讓水分滲出塔底，所以會先塗上蛋汁來防水。這邊的作法是塗上蛋黃，也可以改用蛋白。

什麼是鹹派麵糊？
在本書中介紹的鹹派麵糊比例是1個蛋對上50g的鮮奶油和牛奶作出來的。但是也可以依照自己的喜好改變比例。只要鮮奶油和牛奶加起來是100g即可。

如果你想要讓鹹派吃起來口味更濃厚，那可以只用鮮奶油。但注意的是如果完全不使用鮮奶油，只用牛奶來作，塔會變得過於平淡無味。如果1個蛋太大，請配上合計120g的鮮奶油和牛奶。

法式鹹派風
迷你香菇鹹塔

這是一個以蘑菇、杏鮑菇、香菇等各式菇類作出的香菇鹹塔。也可以加上個人喜愛的數種不同菇，或加入其他食材來添增更多不同口味。

材料※五辛素
（直徑7.5cm的迷你塔模6個份）

千層塔皮（P.16）
　把基本量的1/3的麵團擀成
　厚度約2mm的塔皮

內餡
┌ 菇類＊ 混合共 150g
│ 橄欖油 適量
│ 切碎蒜頭 1瓣
│ 鹽、醬油 各少許
└ 瑞士葛瑞爾乾酪起司 30g

法式鹹派麵糊
┌ 蛋 1個
│ 鹽 1/4小匙
│ 胡椒 少許
│ 牛奶 50g
└ 鮮奶油 50g

＊在這邊使以的菇類有蘑菇、杏鮑菇、香菇。

塔皮的事前準備

1　參照P.25以菊花形壓模切割出直徑9cm的塔皮，鋪入塔模中。

填滿鹹派麵糊和材料至烘烤

2　將菇類根部乾燥堅硬的部分除去，切片備用。平底鍋內加上橄欖油和蒜頭加熱，等到蒜頭出現香味後，把菇類全部加入，炒至菇類變軟後調味，放涼備用。

3　將蛋打成蛋汁後，加入鹽跟胡椒。再放入牛奶、鮮奶油拌勻，作出鹹派麵糊。

4　把步驟②分次放入步驟①，起司也分次放入。把步驟③倒入塔內（圖A）。再放入較高的中溫（180℃至190℃）的烤箱中烘烤（約25分）。

A

材料※蛋奶素
（直徑5.5cm的迷你塔模12
個分）
鹹派皮（P.14）約200g
瑞士葛瑞爾乾酪起司* 100g
鹹派麵糊
┌ 蛋 2個
│ 鹽 1/2小匙
│ 胡椒 肉豆蔻 各少許
│ 牛奶 100g
└ 鮮奶油 100g
洋香菜（切碎）20g

＊改用瑞士艾曼托洛起司也
可以。

塔皮的事前準備

1 　參照P.25，以菊花形壓
模切割出直徑7cm的塔皮，
鋪入塔模中。

填滿鹹派麵糊＆材料
至烘烤

2 　將蛋打成蛋汁後，加入
鹽、胡椒，再放入牛奶、鮮
奶油，最後加入洋香菜混合
拌勻。

3 　將起司分次放入步驟①
中，再把步驟②倒入（圖
A）。最後放入中溫（170℃
至180℃）的烤箱中烘烤
（約15至20分）。

A

法式鹹派風
起司洋香菜
鹹塔

洋香菜不僅能作為裝飾，也可以添
增塔的風味。加入滿滿的洋香菜就
可以作出鮮綠爽口的鹹塔。如果把
它作成一口大小的迷你塔，也是一
道相當美味的下酒菜喔！

加入波菜
焗烤菠菜水煮蛋塔

鋪上圓形水煮蛋切片，再倒入加入波菜的內餡麵糊烘烤，就可以作出這道以綠色的波菜搭配上水煮蛋切片，顏色鮮艷的的波菜搭配上水煮蛋切片的鹹塔。這個鹹塔的橫切面非常漂亮，而且有著比一般鹹塔更加綿密的口感。

材料※蛋奶素
（直徑20c的塔模1個分）
千層塔皮（P.16）
擀成厚度約2mm、直徑25cm的塔皮
水煮蛋 3個
波菜（水煮過後瀝乾，切成長2cm）200g
瑞士葛瑞爾乾酪起司 20至30g
鹹派麵糊
┌ 奶油 30g
│ 低筋麵粉 滿滿1大匙
│ 牛奶 鮮奶油 各75g
│ 蛋 2個
│ 鹽 1/2小匙
└ 胡椒 少許

塔皮的事前準備

1 參照P.23鋪入塔模中。

2 參照P.26，將塔皮預先烘烤後，把鹹派麵糊材料中的蛋打成蛋汁，其中一部分塗在塔底，再把塔放回烤箱烘乾（圖A）。

填滿食材後烘烤

3 製作鹹派麵糊。在單柄鍋中加入奶油，奶油完全融化前加入低筋麵粉，小心翻炒，注意不要燒焦。接著把牛奶和鮮奶油一口氣加入（圖B），煮到出現黏稠感後熄火。把步驟②剩下的蛋汁分三次倒入後，攪拌均勻（圖C）。加入波菜拌勻後，以鹽和胡椒調味（圖D）。

4 把步驟③倒入薄薄一層進入步驟②裡後，鋪上水煮蛋切片。再把步驟③剩下的材料倒入，撒上起司（圖E、F）。最後放入中溫（170℃至180℃）的烤箱中烘烤（約25分鐘）。等到周圍膨脹，中央也膨脹後，就代表烤熟了。脫模的方法請參照P.30。

鋪滿香料
尼斯披薩鹹塔

在南法尼斯，常可以看到以千層塔皮或鹹塔皮作成且鋪滿香料的披薩。以南法風披薩的作法是塗上沙丁魚醬後再放上洋蔥，但現在大部分都以鯷魚來代替沙丁魚了。要把這個塔作得好吃的最主要的祕訣就是，要把洋蔥炒到透亮綿密。所以在製作時要將1公斤的洋蔥炒到縮成三分之一的分量。

材料※非素
（22×22cm的烤盤1個分）
千層塔皮（P.16）
擀成厚度約3mm、直徑24cm的塔皮
1片
洋蔥 1公斤
橄欖油 3大匙
鹽、醬油 各少許
鯷魚* 10至12片
黑橄欖 15至30顆

＊鹹味較重的鯷魚要先過水去除部分鹹味。

塔皮的事前準備

1　在烘焙紙上放上塔皮後，放在烤盤上，以手指頭按壓讓周圍的塔皮貼著塔盤邊緣（圖A）。在塔皮底部以叉子平均戳洞，放進冰箱冷藏備用。
＊塔皮的大小請配合烤盤的尺寸。

放上餡料烘烤

2　將洋蔥由上方縱切成兩塊，再沿著洋蔥的纖維把洋蔥切成薄片。洋蔥薄片以橄欖油炒到出色且帶有綿密感後，加入鹽和胡椒調味，放涼備用。

3　步驟②冷卻後，平放在步驟①的塔皮上，將鯷魚縱向對切成2至3等分，與橄欖一起鋪放在洋蔥上（圖B），最後再放入高溫（200℃至220℃）的烤箱中烘烤（約30分鐘）。
＊請確認橄欖的鹽分再調整擺放的橄欖數量。

A

B

加入自製番茄醬
格雷特茄子番茄薄餅鹹塔

與柳橙法式薄餅塔（P.62）相同，這是基本構想是依照南法或義大利的可麗餅型一個不使用塔模，以鹹塔皮成型，在式來製作這個塔。在新鮮番茄醬上鋪滿茄塔皮上抹上自製番茄醬所製作而成的子，是一道非常美味的薄餅鹹塔。

4 在步驟①上將茄子呈放射狀排列（圖A、B），撒上鹽、起士絲、奧勒岡葉，送進預熱至略高溫（約190℃）烤箱中烘烤（約20分鐘）。

塔皮的事前準備

1 作法與P.62的柳橙薄餅塔一樣，先製作基底塔皮，再將塔皮不包裹鋁箔紙，直接送進烤箱烘烤。

製作番茄醬

2 鍋子裡放入橄欖油加熱，將洋蔥炒至透亮，再加入胡蘿蔔絲繼續翻炒。接著加入過篩的水煮番茄，炒至有點濃稠後加入鹽、胡椒調味。

填滿內餡材料後烘烤

3 茄子去蒂後，直切成4至5片放入水中去除澀味，撈起後將水分瀝乾，以較多量的橄欖油兩面乾煎，煎完後去除黏附在上的多餘油分。

材料※五辛素
（直徑24cm的鹹塔皮1個分）
鹹塔皮（p.14）約230g
┌自製番茄醬*
│橄欖油 2大匙
│洋蔥（切碎）小洋蔥1個
│胡蘿蔔（切碎）1個
│水煮番茄罐頭 1罐
└鹽、胡椒 各適量
茄子 4至5根
橄欖油 適量
鹽、奧勒岡葉 各適量
帕馬森乳酪起士（切絲）約15g

＊使用的番茄醬汁 約100g

鹹派捲塔
加入白飯與水煮蛋

在大家熟知的肉派表面上，以刀子劃出橫條紋，作成酥皮捲形狀，將牛絞肉加入白飯和蛋中混合後作成內餡，也可以隨喜好作成醬油或咖哩等其他口味。

材料※非素
（22cm×15cm的塔1個分）
千層塔皮（P.16）
擀成厚度約3mm、
22cm×30cm的一張塔皮
內餡
┌ 奶油 1/2大匙
│ 洋蔥（切碎）25g
│ 蘑菇（切碎）25g
│ 牛絞肉 100g
│ ┌ 番茄醬 1小匙
A┤ └ 鹽、胡椒、豆肉蔻 各適量
└ 白飯 50g
水煮蛋（粗略切碎）1個
蛋汁 適量

準備肉餡與塔皮

1 製作內餡。奶油放入鍋中加熱，再放入蘑菇和洋蔥翻炒至變軟熟透後，加入牛絞肉繼續翻炒。牛絞肉均勻炒熟後，加入材料A調味，再放入白飯和水煮蛋翻炒後放涼備用（圖A）。

2 將塔皮放至烘烤紙冷卻備用。

3 在塔皮縱向約一半的位子以刀劃線作出記號。將劃線後的其中一半褶成兩褶，摺成兩褶的摺線處以刀子將塔皮切割出1cm間隔的直線，這切割過的半邊塔皮將成為肉派鹹塔的外皮（圖B）。
＊在製作途中，若是塔皮變軟會很難成型。一旦塔皮變軟，就一定要放進冰箱冷卻後再製作。

包入內餡後烘烤

4 在沒有切割的另外一半塔皮上（此面為塔的底部）預留出兩片塔皮黏貼的空間後，在上面均勻平鋪上步驟①的餡料。

5 在塔皮預留的黏貼空間上塗上蛋汁，將以刀子切割出直線的半邊塔皮連同烘焙紙，一起蓋在鋪有內餡的塔皮上，將兩片塔皮接合成捲。

6 塔皮接合處以指腹按壓，並以塑膠刮板割出捲邊成型（圖E）。在塔皮表面塗上蛋汁後（刀子切割的斷面上盡量不要塗到蛋汁，若塗到蛋汁塔皮會黏在一起，無法膨脹成型），放入高溫（200℃至220℃）的烤箱中烘烤，烘烤過程中視情況調整溫度（約30分鐘）。

如果要作法式橢圓派塔

將麵團擀成小橢圓形的塔皮，再包入內餡，稱為法式橢圓派塔的小點心。將麵團擀成厚度4mm、直徑10cm的大小後，以菊花形壓模切割成型，再以擀麵棍將成型的塔皮延展成橢圓形，將內餡鋪在塔皮稍偏外側的部分。在塔皮周圍塗上一層薄薄的蛋汁，將塔皮分成兩片後把內餡包在裡面。成型的塔皮上以壓模的刀刃反面壓上一圈紋路，一邊調整派的膨脹程度一邊按壓成型。接著在塔皮表面上塗上蛋汁，一樣以刀子淺淺的在塔皮上割出橫條紋，與製作肉派捲一樣，以高溫烘烤，但要視情況調整溫度。

讓我們來作
法式橢圓小派塔吧！

挑戰進階版塔皮
正統千層塔皮

在本書的最後，給想要挑戰不一樣麵團作法的大家，特別介紹正統千層塔皮的作法。與千層塔皮不一樣的是，正統千層塔皮是以麵粉與水作成，稱為「外層麵團基地」的基地麵團包住奶油，依著「延展開後再褶疊」的重複操作方式，將外層麵團基地和奶油所組成的薄層塔皮不斷重疊，所製作出來的麵包麵團就稱為正統千層塔皮。這個麵團烘烤後會變成一層一層的形狀（也就是所謂的千層的意思）。大家熟知的可頌麵包也是同樣的作法，但是為了要作出加入外層麵團基地的麵包麵團，要讓麵團休息膨脹。

雖然這是個需要花點時間，且對製作麵團較為熟練的人才能製作的麵團，但是這種麵團的口感要比千層塔皮來得更纖細，烘好完成後的蓬鬆感也較高，以這種麵團作出來的塔皮相當美味。

外層麵團基地的事前準備

1 在容器中加水，加入鹽溶解。接著把混合好的麵粉加入一半後攪拌均勻。

2 把融化奶油加入拌勻的麵粉中（圖A）。

3 再把剩餘的麵粉全部加入，以手推揉至麵團會黏手為止。將揉好的麵團以塑膠袋包好，放入冰箱，最好放置一個晚上（圖B、C）。
＊外層麵團基地如果沒有推揉均勻，麵團的延展度就會很差。而如果放置休息的時間不夠，麵團的柔軟度也會不夠，所以一定要讓麵團休息足夠的時間。

將奶油擀成正方形

4 把奶油以塑膠套包好，以擀麵棍把它擀成17cm的正方形後，放入冰箱冷藏至硬化備用（圖D）。

基本材料

外層麵團基地
| 高筋麵粉（過篩）125g | 預先混合 |
| 低筋麵粉（過篩）125g | |

水 約130g
鹽 1/2小匙
無鹽融化奶油 30g
裹入用奶油 200g
作為手粉用的高筋麵粉 適量

＊麵粉改用中筋麵粉250g也可以。

麵團的操作處理的重點為何？

與千層塔皮麵團相同，麩質的麵團如果強硬擀開，容易造成塔皮往反方向回縮的性質。如果休息時間足夠，就可以消除麩質麵團的這個特性。因此，如果發現麵團變得不好推揉開來時，請務必要讓麵團再多加休息。

烘烤的溫度是多少？

請以高溫烘烤。如果溫度太低，層和層之間會有奶油流出。麵團會因為烘烤的關係，讓外層麵團基地間的奶油煮沸而造成水蒸氣，這個水蒸氣的力量會讓麵團膨脹起來。外層麵團基地也會因為吸收了奶油，所以烘烤過程中會漸漸出現焦糖色，多餘水分會排出，最後呈現酥酥脆脆的口感。

外層麵團基地的性質為何？

因為這麵團是以麵粉和水作成的，所以會有麩質出現。我需要這個麩質的延展性，但是會再加上一些奶油來抑止這個麩質的延展力，讓這個外層麵團變得更容易使用，烘烤完成後，可以提升麵團的整體口感。

為什麼要裹入油脂？

這裡的油脂一定要是常溫且為固體狀。在此使用的是奶油。但如果奶油溫度太低就會變硬，溫度太高就會融化。一定要把奶油處理在剛好的狀態下才能夠與「外層麵團基地」一起推揉。

L

I

E

M

J

F

N

K

G

O

H

P

麵團完成了！

與P.16的快速法相同，將完成的棉團依以用途擀成所需的厚度、大小，讓麵團充分休息後放入冷凍庫保存。

以外層麵團基地包住奶油塊

5 把步驟③的外層麵團基地以擀麵棍擀成25cm左右。此時先不要撒上手粉（圖E）。表面擀平後暫時以塑膠套包覆，把塑膠套的角壓到麵團下之後，把擀平的麵團整塊翻轉過來（圖F）。變成外層麵團基地鋪放在塑膠套上。

＊不撒手粉是為了讓麵團包住奶油時，可以讓奶油和麵團充分附著在一起。

6 在步驟⑤上放上奶油塊（圖G）。接著像褶信封一樣，以麵團將奶油包覆起來（圖H）。奶油和麵團重置的部分請以手指頭稍微加壓使之變薄。如果奶油的四個尖角很礙手，也可以把它切除。

7 在包好奶油的麵團上撒上手粉，把多餘的手粉以毛刷掃掉（圖I）。接著以手掌把奶油和麵團間的空氣推到麵團中間聚集起來，以竹籤傾斜刺穿麵團，把空氣釋出（圖J、K），再把竹籤穿刺過的小孔以手壓平。把麵團翻面，進行同樣的動作。

＊如果麵團表面上有其他因空氣而突出之處，也以竹籤穿刺把空氣釋出。

擀平至重複五次麵團摺成三褶的動作

8 原本堅硬的奶油塊如果如圖一樣，軟化至可以推揉的程度之後（圖L），請以擀麵棍從麵團正中間往上擀開，再從正中間往下擀開（圖M）。

＊因為表面有顆粒狀的擀麵棍會傷害到塔皮，所以請使用表面光滑的擀麵棍。

9 接著以擀麵棍把塔皮整體從上而下擀開（圖N）。塔皮擀開途中，不時撒上手粉避免桌面和擀麵棍沾黏。要大幅度的推開塔皮時，請將擀麵棍斜面推開。

10 麵團擀至20cm×60cm後摺三褶。

11 把摺成三褶的麵團轉90度，撒上手粉，重複五次同樣三褶動作（圖P）。如果麵團在擀開途中，變得很難推展開來的話，請不要強硬擀開，為了避免乾燥，先以塑膠套將麵團包起來後，在放置到涼爽處讓麵團休息。如果奶油軟化，請放進冰箱冷凍庫冷却至可以再重新推展的狀態。麵團休息時，要記下麵團摺成三褶的次數。

以正統千層塔皮製作
國王塔（皮蒂維耶塔）

名為「國王塔」的派餅，是法國人在1月6號主顯節食用的專屬點心，這天會在國王塔中藏一個叫作「蠶豆」的陶器人偶，塔上裝飾紙作的皇冠出售。一般會先將國王塔切片分給大家，吃到蠶豆者就是當天的國王（或女王），大家會玩一個讓這個國王（或女王）把紙作的皇冠戴在頭上，隨意命令大家的遊戲。

在巴黎附近的傳統是不在國王塔中加入奶油，燒烤成法式薄餅狀，但是在此介紹的是內餡中加入滿滿杏仁奶油餡烘焙而成的，巴黎南方老街皮蒂維耶的名產點心。

日本這幾年，這個國王塔是以「國王派」之名而為人知曉。在這邊是以正統的千層塔皮製作這個國王塔，但是也可以參照P.16，以千層塔皮來作這個塔，一樣可以作出令人滿意的國王塔。

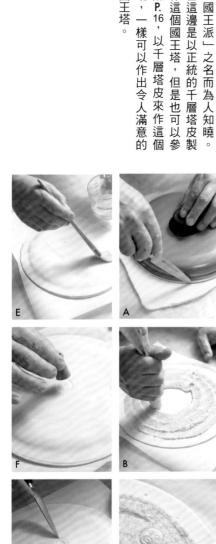

E　　　　A

F　　　　B

G　　　　C

事前準備

1　以鍋蓋將放涼的塔皮切成約25cm的兩張塔皮（圖A）。把底座的塔皮放到烘焙紙上，把作為表面上蓋的塔皮以塑膠套包起來靜置放涼備用。

填滿杏仁奶油醬後至烘烤

2　先將步驟①的生塔皮以刀子在全體周圍刺出小洞，周圍留下約2cm左右作為接合用，接著把杏仁奶油醬放入擠花袋中，以圓形漩渦狀平行擠上底座塔皮後，將蠶豆放置在擠好的奶油中（圖B、C）。

3　在周圍預留的2cm塔皮處塗上蛋汁，不要讓空氣跑入，把上蓋塔皮與底座塔皮黏合，以手指輕壓塔皮周圍，使之完全密合。

4　在塔皮表面刷上蛋汁，放置一會兒後，再度刷上蛋汁（圖E）。

5　以刀片在塔皮表面上輕割出紋路，刀子不可以切到杏仁奶油醬。首先以尺量測出中心點，然後以圓形的擠花嘴的上下兩邊在塔皮上淺淺按壓出圓形模樣（圖F）。再以刀子的前緣割出喜歡的紋路。另外，在塔皮邊緣刀子要較為用力的深割出喜愛的花樣（圖G、H）。
＊這邊是以刀子割出樹葉的紋路，也可以割出和P.45一樣的格子紋路。

6　填入奶油部分也以刀子在各處穿刺幾刀，刀子必須穿刺至桌面，讓空氣釋出。

7　最後放入高溫（200℃至220℃）的烤箱中烘烤，烘烤過程中須視情況調整溫度（約35分鐘）。

材料※蛋奶素
（直徑25cm的塔模1個分）
正統千層塔皮（P.84）
擀開成厚度3mm、直徑28cm
至30cm的塔皮2張
杏仁奶油醬（P.31）約200g
蠶豆 1個
蛋汁 適量

烘焙 良品 41

法式原味&經典配方
在家輕鬆作美味的塔

作　　者／相原一吉
譯　　者／鄭純綾
發 行 人／詹慶和
總 編 輯／蔡麗玲
執行編輯／李佳穎
編　　輯／蔡毓玲・劉蕙寧・黃璟安・陳姿伶・白宜平
封面設計／翟秀美
內頁排版／翟秀美
美術編輯／陳麗娜・李盈儀・周盈汝
出 版 者／良品文化館
郵撥帳號／18225950
戶　　名／雅書堂文化事業有限公司
地　　址／220新北市板橋區板新路206號3樓
電　　話／(02)8952-4078
傳　　真／(02)8952-4084
網　　址／www.elegantbooks.com.tw
電子郵件／elegant.books@msa.hinet.net

2015年04月初版一刷 定價／280元

TSUKURIKATA NO NAZE? GA YOKU WAKARU TART NO HON
Copyright © Kazuyoshi Aihara 2012
All rights reserved.
Original Japanese edition published in Japan by EDUCATIONAL
FOUNDATION BUNKA GAKUEN BUNKA PUBLISHING BUREAU
Chinese(in complex character) translation rights arranged with
EDUCATIONAL FOUNDATION BUNKA GAKUEN BUNKA PUBLISHING
BUREAU through KEIO CULTURAL ENTERPRISE CO., LTD.

總 經 銷／朝日文化事業有限公司
進退貨地址／235新北市中和區橋安街15巷1號7樓
電　　話／Tel：02-2249-7714
傳　　真／Fax：02-2249-8715

國家圖書館出版品預行編目(CIP)資料

法式原味 & 經典配方：在家輕鬆作美味的塔 / 相原
一吉著；鄭純綾譯 . -- 初版 . -- 新北市：良品文化館，
2015.04
面；　公分 . -- (烘焙良品；41)

ISBN 978-986-5724-32-0(平裝)

1. 點心食譜

427.16　　　　　　　　　　　　104002687

STAFF

發 行 者／大沼　淳
美術指導／木村裕治
設　　計／川崎洋子（木村設計事務所）
攝　　影／結城剛太
校　　閱／鈴木良子
編　　輯／大森真理
　　　　　浅井香織（文化出版局）

30 道媽媽味配方

烘焙良品21
好好吃的格子鬆餅
作者：Yukari Nomura
定價：280元
21×26cm·96頁·彩色

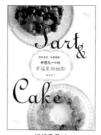

烘焙良品22
好想吃一口的
幸福果物甜點
作者：福田淳子
定價：350元
19×26cm·112頁·全彩

烘焙良品23
瘋狂愛上！有幸福味の
百變司康＆比司吉
作者：藤田千秋
定價：280元
19×26 cm·96頁·全彩

烘焙良品25
Always yummy！
來學當令食材作的人氣甜點
作者：磯谷 仁美
定價：280元
19×26 cm·104頁·全彩

烘焙良品26
一個中空模型就能作！
在家作天然酵母麵包＆蛋糕
作者：熊崎 朋子
定價：280元
19×26cm·96頁·彩色

烘焙良品27
用好油，在家自己作點心：
天天吃無負擔·簡單做又好吃の
57款司康·鹹甜點心·蔬菜點心·
蛋糕·塔·醃漬蔬果
作者：オズボーン未奈子
定價：320元
19×26cm·96頁·彩色

烘焙良品28
愛上麵包機：按一按·超好
作的45款土司美味出爐！
使用生種酵母＆速發酵母配方都OK！
作者：桑原奈津子
定價：280元
19×26cm·96頁·彩色

烘焙良品29
Q軟喔！自己作好吃的「養」玄米
酵母 作好吃的30款麵包
養酵母3步驟，新手零失敗！
作者：小西香奈
定價：280元
19×26cm·96頁·彩色

烘焙良品30
從養水果酵母開始，
一次學會究極版老麵×法式
甜點麵包30款
作者：太田幸子
定價：280元
19×26cm·88頁·彩色

烘焙良品31
麵包機作的唷！
微油烘焙38款天然酵母麵包
作者：濱田美里
定價：280元
19×26cm·96頁·彩色

烘焙良品32
在家輕鬆作，
好食味養生甜點＆蛋糕
作者：上原まり子
定價：280元
19×26cm·80頁·彩色

烘焙良品33
和風新食感·超人氣白色
馬卡龍40種和菓子內餡的
精緻甜點筆記！
作者：向谷地馨
定價：280元
17×24cm·80頁·彩色

烘焙良品34
好吃不發胖的低卡麵包
PART.3：48道麵包機食譜特集！
作者：茨木くみ子
定價：280元
19×26cm·80頁·彩色

烘焙良品35
最詳細的烘焙筆記書I：
從零開始學餅乾＆奶油蛋糕
作者：稻田多佳子
定價：350元
19×26cm·136頁·彩色

烘焙良品36
彩繪糖霜手工餅乾：
內附156種手繪圖例
作者：星野彰子
定價：280元
17×24cm·96頁·彩色

烘焙良品37
東京人氣名店
VIRONの私房食譜大公開
自家烘焙5星級法國麵包！
作者：牛尾 則明
定價：320元
19×26cm·104頁·彩色

烘焙良品38
最詳細的烘焙筆記書II
從零開始學起司蛋糕＆瑞士卷
作者：稻田多佳子
定價：350元
19×26cm·136頁·彩色

烘焙良品39
最詳細的烘焙筆記書III
從零開始學戚風蛋糕＆巧克力蛋糕
作者：稻田多佳子
定價：350元
19×26cm·136頁·彩色

烘焙良品40
美式甜心So Sweet！
手作可愛的紐約風杯子蛋糕
作者：Kazumi Lisa Iseki
定價：380元
19×26cm·136頁·彩色

就是要超手感天然食材

超低卡不發胖點心、酵母麵包
米蛋糕、戚風蛋糕……
讓你驚喜的健康食譜新概念。

極好吃！

烘焙良品 01
好吃不發胖低卡麵包
作者：茨木くみ子
定價：280元
19×26cm・74頁・全彩

烘焙良品 02
好吃不發胖低卡甜點
作者：茨木くみ子
定價：280元
19×26cm・80頁・全彩

烘焙良品 03
清爽不膩口鹹味點心
作者：熊本真由美
定價：300元
19×26 cm・128頁・全彩

烘焙良品 04
自己作濃・醇・香牛奶冰淇淋
作者：島本 薰
定價：240元
20×21cm・84頁・彩色

烘焙良品 05
自製天然酵母作麵包
作者：太田幸子
定價：280元
19×26cm・96頁・全彩

烘焙良品 07
好吃不發胖低卡麵包
PART 2
作者：茨木くみ子
定價：280元
19×26公分・80頁・全彩

烘焙良品 09
新手也會作，
吃了會微笑的起司蛋糕
作者：石澤清美
定價：280元
21×28公分・88頁・全彩

烘焙良品 10
初學者也 ok！
自己作職人配方の戚風蛋糕
作者：青井聡子
定價：280元
19×26公分・80頁・全彩

烘焙良品 11
好吃不發胖低卡甜點 part2
作者：茨木くみ子
定價：280元
19×26cm・88頁・全彩

烘焙良品 12
荻山和也 ╳ 麵包機
魔法 60 變
作者：荻山和也
定價：280元
21×26cm・100頁・全彩

烘焙良品 13
沒烤箱也 ok！一個平底鍋
作 48 款天然酵母麵包
作者：梶 晶子
定價：280元
19×26cm・80頁・全彩

烘焙良品 15
108 道鬆餅粉點心出爐囉！
作者：佑內二葉・高沢紀子
定價：280元
19×26cm・96頁・全彩

烘焙良品 16
美味限定・幸福出爐！
在家烘焙不失敗的
手作甜點書
作者：杜麗娟
定價：280元
21×28cm・96頁・全彩

烘焙良品 17
易學不失敗的
12 原則 ╳ 9 步驟——
以少少の酵母在家作麵包
作者：幸栄 ゆきえ
定價：280元
19×26・88頁・全彩

烘焙良品 18
咦，白飯也能作麵包
作者：山田一美
定價：280元
19×26・88頁・全彩

烘焙良品 19
愛上水果酵素手作好料
作者：小林順子
定價：300元
19×26公分・88頁・全彩

烘焙良品 20
自然味の手作甜食
50 道天然食材&愛不釋手
的 Natural Sweets
作者：青山有紀
定價：280元
19×28公分・96頁・全彩